Yo tengo tres lados, ¿y vos?

Las figuras geométricas
en la Escuela Primaria

Adriana González

González, Adriana
 Yo tengo tres lados, ¿y vos?: Las figuras geométricas en la Escuela Primaria / Adriana González. - 1a ed. - Rosario: Homo Sapiens Ediciones, 2017.
 164 p.; 20 x 14 cm. (Haciendo matemática / Adriana González)

 1. Matemática. I. Título.
 CDD 510

Colección: **Haciendo Matemática**
Dirigida por Adriana González

© 2017 • **Homo Sapiens Ediciones**
Sarmiento 825 (S2000CMM) Rosario | Santa Fe | Argentina
Tel: 54 341 4243399 | 4406892 | 4253852
E-mail: editorial@homosapiens.com.ar

Queda hecho el depósito que establece la ley 11.723.
Prohibida su reproducción total o parcial.

Coordinación editorial: Laura Di Lorenzo

Este libro se terminó de imprimir en septiembre de 2017
en **Talleres Gráficos Fervil S.R.L.** | Santa Fe 3316 | Tel. 0341 4372505
Email: fervilimpresos@gmail.com | 2000 Rosario | Santa Fe | Argentina

A Luis, Gricel, Malena y Margot.
A mis compañeros directivos, maestros y profesores.
A mis alumnos de escuela primaria y del profesorado.

ÍNDICE

Introducción 6

Capítulo 1
Enfoque del área de matemática 8
✓ Modelo apropiativo 8
✓ La clase de matemática y el enfoque
de la *resolución de problemas* 9

Capítulo 2
La enseñanza de la geometría en la Escuela Primaria 24
✓ Un poco de historia 25
✓ La geometría y sus relaciones 26
✓ La geometría y su enseñanza en la Escuela Primaria 33

Capítulo 3
Las habilidades espaciales 36
✓ Habilidades visuales 37
✓ Habilidades de dibujo y construcción 38
✓ Habilidades de comunicación 40
✓ Habilidades de pensamiento 42
✓ Habilidades de aplicación o transferencia 44

Capítulo 4
Apropiación de las formas geométricas 46
✓ Niveles 47
✓ Propiedades del modelo 50
✓ Fases de aprendizaje 50

Capítulo 5
Los triángulos 53
✓ Propiedad fundamental 54
✓ Clasificación de triángulos 58
✓ Ángulos interiores y exteriores del triángulo 69
✓ Elementos notables del triángulo 73
✓ Construcción de triángulos 77

Capítulo 6
Los cuadriláteros 89
✓ Clasificación de los cuadriláteros 90
✓ Ángulos interiores y exteriores de los cuadriláteros 101
✓ Construcción de cuadriláteros 104

Capítulo 7
Actividades lúdicas para el trabajo geométrico 117
✓ Los rompecabezas 118
  - *Tangram chino* 118
  - *Tangram alemán* 122
✓ Los pentominos 124
✓ Los geoplanos 127
✓ Otras actividades lúdicas 130
  - Armado de guardas 130
  - Reconstruyendo cuadrados y rectángulos 132
  - ¡Quitando fósforos! 133
  - Hundiendo figuras 134

Capítulo 8
Respuestas 137
✓ Capítulo 5 137
✓ Capítulo 6 147

Bibliografía 156

Introducción

Dentro de la Matemática, la enseñanza de la Geometría es donde hay más puntos de desencuentro entre los diferentes actores del Sistema Educativo, tanto en relación con los contenidos que deben abordarse como con la forma de enseñarla.

A su vez, la escasa presencia de la geometría en las aulas de la Escuela Primaria es una preocupación compartida por todos. Maestros, directivos, supervisores del Sistema coinciden en decir que: "se lo deja para el final", "el tiempo no alcanza", "a los chicos les cuesta"...

Ante esto la geometría está restringida a unos pocos contenidos, desvalorizada en relación con la aritmética, separada de los problemas que se pueden resolver, considerada como un contenido de segunda categoría que puede ser suprimible o reducible. Por lo general inmersa en el rigor, abstracción y generalidad con que se la venía enseñando desde hace más de dos mil años.

Pero por otro lado es importante considerar que la enseñanza de la geometría, en la Escuela Primaria, debe servirle al alumno tanto para interpretar, comprender y analizar el mundo físico como para actuar en su entorno en forma inteligente.

A partir de estas páginas nos proponemos recuperar los sentidos, prácticas y rasgos del saber geométrico para reorientar su enseñanza en pos a la observación, manipulación, descubrimiento, conceptualización...

El *Capítulo 1* centra la reflexión en el *enfoque de la resolución de problemas*, que sostiene la construcción activa del conocimiento por parte del alumno, en interacción con su entorno, con sus pares y con un docente que le plantea situaciones problemáticas que lo desafían, con la intención de propiciar nuevos aprendizajes.

En el *Capítulo 2* nos abocamos al porqué de la enseñanza de la geometría en la Escuela Primaria, así como a sus relaciones con el mundo que nos rodea. Considerando a la Geometría como la ciencia que modela el espacio que percibimos, el mundo en que vivimos.

El *Capítulo 3* aborda las habilidades que se deben desarrollar a partir del trabajo geométrico que se imparte en las aulas. Nos detenemos en cada una de ellas con el objetivo de analizarlas didácticamente pero somos consientes de que ante una situación geométrica hacemos uso de varias de ellas en forma simultánea.

En el *Capítulo 4* nos referimos a la apropiación de las formas geométricas por parte de los alumnos; de ahí que analizamos el Modelo van Hiele; sus niveles, propiedades y fases. La inclusión de este análisis tiene el objetivo de ofrecerle al docente herramientas que le permitan comprender el hacer geométrico de sus alumnos.

En los *Capítulos 5 y 6* abordamos la enseñanza de los triángulos y de los cuadriláteros. Se proponen actividades que permiten, a los alumnos, tanto construir conceptos geométricos como relacionarlos a partir del planteo de situaciones problemáticas diversas. En las actividades propuestas se tienen en cuenta el marco teórico desarrollado en los capítulos anteriores.

Continuamos en el *Capítulo 7* presentando actividades lúdicas que permiten trabajar las propiedades de los triángulos, cuadriláteros y figuras de más de cuatro lados con diferentes materiales tales como: rompecabezas, pentominos, geoplanos.

Finalmente, en el *Capítulo 8* encontrará respuesta de las situaciones propuestas en los capítulos 5 y 6.

Capítulo 1
Enfoque del área de matemática

Hoy nadie discute acerca de la importancia que tiene el *aprendizaje matemático* dentro de la formación de los alumnos dado que es un bien social, patrimonio de la Humanidad que merece ser transmitido, conservado y ampliado.

La apropiación que el niño hace de los contenidos matemáticos depende tanto de la *selección de problemas* que el docente realiza como de la *variedad de contextos* en que se presenta un mismo concepto. Es así como, desde los primeros contactos, se les debe proporcionar herramientas que les permitan acercarse al quehacer propio de la disciplina.

Modelo apropiativo

El *aprendizaje matemático* siempre apareció relacionado a la capacidad de resolver problemas. A lo largo de la historia ha pasado por diferentes modelos de enseñanza, hoy se lo sitúa adentro del *modelo apropiativo, constructivista, centrado en la construcción del saber por parte del alumno.*

En este modelo el *docente* propone y organiza situaciones con distinto nivel de dificultad, mientras que el *alumno* ensaya, busca, propone soluciones, las confronta con las de sus compañeros, las define, las discute. El *saber* es considerado en su propia lógica. Los tres elementos *docente – alumno – saber* interactúan dinámicamente.

El *problema* se constituye en el *centro de los procesos de aprendizaje y de enseñanza*, porque a partir de él podemos:
- ✓ *Diagnosticar*: plantear problemas que permitan conocer el estado inicial de los conocimientos de los alumnos.
- ✓ *Enseñar*: partiendo de los saberes detectados, el docente plantea problemas que permiten, a los alumnos, reorganizar, resignificar, ampliar, sistematizar sus conocimientos en nuevas construcciones.
- ✓ *Evaluar*: a partir de problemas similares a los trabajados el docente evalúa el nivel de logros alcanzados.

La relación triangular que se da dentro del modelo puede ser esquematizada de la siguiente forma:

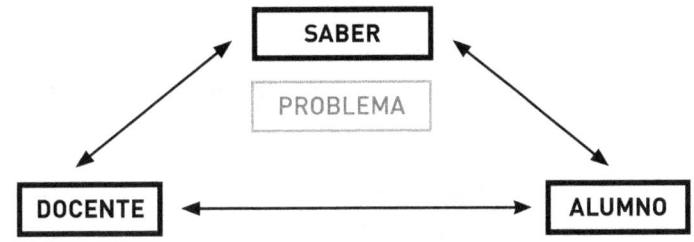

La clase de matemática y el enfoque de la *resolución de problemas*

En nuestra propuesta privilegiamos la construcción de saberes por parte del alumno. El alumno, resolviendo y planteando problemas, en interacción con el docente que guía, con el saber y sus pares, se apropia de los contenidos que intencionalmente se enseñan.

El docente debe propiciar formas de enseñar que hagan que los conocimientos matemáticos se carguen de sentido haciendo que sus prácticas estén relacionadas con los diferentes contextos del concepto a construir.

Uno de los desafíos que al docente se le presentan es llevar adelante una enseñanza que permita *aprender matemática haciendo matemática;* es decir, lograr que todos los alumnos sean protagonistas del quehacer matemático en el aula, que sean actores de su saber, posibilitando que los conocimientos adquieran sentido para ellos.

Propiciar un trabajo basado en los modos de hacer y pensar propios de la matemática permite concebirla como un producto social, histórico y en permanente transformación.

Algunas de las *decisiones didácticas* que el docente deberá tener en cuenta a la hora de plantear problemas, propuestas, secuencias..., que se encuadran dentro de este enfoque de enseñanza son:

- ✓ Plantear problemas
- ✓ Proponer un trabajo exploratorio
- ✓ Aceptar el error
- ✓ Propiciar la producción y generalización de conjeturas
- ✓ Favorecer la reorganización y establecimiento de relaciones entre conceptos
- ✓ Enseñar a estudiar
- ✓ Organizar secuencias didácticas
- ✓ Pensar en la organización grupal
- ✓ Tener en cuenta los momentos del trabajo matemático
- ✓ Evaluar los logros alcanzados

Plantear problemas

Dentro de este enfoque el *problema* implica un obstáculo cognitivo que permite, a los alumnos, enfrentar el desafío de resolver algo a partir de los conocimientos que disponen y a su vez les demanda la producción de ciertas relaciones para llegar a una solución posible -que puede ser incompleta o incorrecta- favoreciendo de esta forma los procesos constructivos.

La escuela, a partir de los conocimientos intuitivos y extraescolares, debe permitir a los alumnos establecer interacciones que los lleven a reelaborar sus saberes hacia nuevos conocimientos.

Para que los problemas se constituyan en un motor de producción de conocimientos será necesario que los alumnos puedan reorganizar sus estrategias de resolución, pensar nuevas estrategias, intentar aproximaciones, abandonar resoluciones erróneas…, lo que se logra a partir de un trabajo continuo que puede realizarse en varias jornadas de clases.

La resolución de problemas, por parte de los alumnos, es central para que puedan involucrarse en la producción de conocimientos matemáticos, de ahí que *los problemas son un medio a través del cual los alumnos construyen los conocimientos matemáticos*.

Dentro de la geometría, enseñar con base en la Resolución de Problemas implica plantear desafíos que pongan en juego el uso de las relaciones y los conceptos geométricos, los cuales deben ser lo suficientemente difíciles para que constituyan un reto para los alumnos y suficientemente fáciles para que ellos cuenten con elementos que les permitan resolverlos.

Por ejemplo, al plantear:

> **TODO CUADRADO ES ROMBO.**
> **ALGÚN ROMBO ES CUADRADO.**
> ¿La afirmación es verdadera o falsa? Justificar.

Los alumnos deberán recordar las propiedades de lados, ángulos, diagonales de los cuadrados y de los rombos para luego relacionarlas y dar respuesta al interrogante planteado.

Proponer un trabajo exploratorio

El aula debe ser un espacio de construcción colectiva de conocimientos matemáticos donde los alumnos exploren, prueben, ensayen, abandonen lo hecho, comiencen nuevamente la búsqueda. Para tal fin el docente debe plantear problemas, ofrecer tiempo y espacio para que los alumnos se equivoquen, encuentren aproximaciones correctas o incorrectas, busquen ejemplos...

Las estrategias iniciales de los alumnos que, por lo general, no son ni "expertas" ni "económicas", constituyen el punto de partida para la producción de nuevos conocimientos. Por ejemplo:

> Armen con las varillas, en grupos de tres alumnos, tres triángulos de diferente tipo:
> ✓ indiquen el nombre de los triángulos que armaron.
> ✓ busquen procedimientos que les permitan calcular cuánto mide la suma de los ángulos interiores de cada triángulo. Registren lo realizado.

Los alumnos, en el momento de la puesta en común, darán a conocer las diferentes formas en que realizaron la actividad, seguramente todos llegaron a 180° usando procedimientos diferentes tales como:
   ✓ Calcar cada ángulo y luego colocarlo uno al lado del otro.
   ✓ Cortar cada ángulo, colocarlo uno al lado del otro.
   ✓ Medir con transportador cada ángulo y sumar el valor obtenido.

Así el trabajo exploratorio permitirá, a los alumnos, darse cuenta de que no hay una única forma de llegar a concluir que:

> *La suma de los ángulos interiores*
> *de todos los triángulos*
> *es igual a 180°*

Aceptar el error

Dentro de esta forma de "hacer matemática" el *error* ocupa un lugar importante; es considerado parte del proceso constructivo, constituye una marca visible del estado del conocimiento en un momento dado. A veces los errores de los alumnos tienen explicaciones basadas en su propia lógica, es tarea del docente comprenderlos y colaborar para su superación.

Retomando el ejemplo anterior, casi seguro que los alumnos que optaron por medir con transportador los ángulos internos del triángulo llegaron a resultados menos cercanos a 180° que los que usaron los otros procedimientos, esto se debe a que para ellos no es fácil medir ángulos y menos en el interior de un triángulo. Son errores que la práctica puede ir solucionando, se requieren habilidades relacionadas con la motricidad fina y el manejo del transportador.

Propiciar la producción y generalización de conjeturas

Las *conjeturas* o *hipótesis* son las ideas que los alumnos elaboran al resolver y analizar problemas de diferente índole. Son las respuestas que encuentran, las relaciones que establecen, aún cuando no sea claro, ni para ellos, si son o no relaciones ciertas.

Algunos ejemplos de conjeturas son:
- ✓ *"Todos los triángulos son iguales"*
- ✓ *"Para ser triángulo basta con tener tres lados"*

El trabajo matemático no sólo implica producir conjeturas sino, además, *"hacerse cargo"*; es decir, dar cuenta de la verdad o falsedad de las conjeturas o hipótesis formuladas, de los resultados hallados y de las relaciones que se establecen.

Continuando con los ejemplos anteriores, podemos decir que para la conjetura:
- ✓ *"Todos los triángulos son iguales"*. Será necesario que los alumnos comprueben cómo son sus lados o sus ángulos y

se den cuenta de que pueden tener lados iguales o desiguales o que sus ángulos pueden ser: rectos, agudos u obtusos.
✓ *"Para ser triángulo basta con tener tres lados"*. Implica desconocer la propiedad triangular, por lo tanto deberán armar triángulos con diferentes longitudes de lados y comprobar cuales pueden armarse y cuáles no.

Además, los alumnos, deberán analizar *"bajo qué condiciones"* una conjetura es válida. Si la validez de una conjetura es para todos los casos se establecen *generalizaciones;* caso contrario se indicarán límites. Por ejemplo, la conjetura *"toda figura de cuatro lados es un cuadrilátero"* es válida para el conjunto de las figuras de cuatro lados quedando excluidas las figuras de tres o de más de cuatro lados.

Favorecer la reorganización y establecimiento de relaciones entre conceptos

El docente deberá proponer a su grupo instancias que le permitan establecer relaciones entre los conocimientos nuevos y los que han adquirido anteriormente.

Por ejemplo, una vez que los alumnos comprendan que los cuadriláteros pueden armarse a partir de triángulos deberán darse cuenta de que las propiedades de los triángulos se cumplen en los cuadriláteros. Así como establecer relaciones entre la suma de los ángulos interiores de los triángulos y de los cuadriláteros.

Enseñar a estudiar

Si bien el abordaje de nuevos problemas se realiza dentro del ámbito escolar a través de un trabajo exploratorio –momentos de comunicación y análisis de respuestas y estrategias, espacios de argumentación y búsqueda de la verdad, análisis colectivo de errores y aciertos, instancias de sistematización...–, es necesario incluir, también, momentos de *estudio* en los cuales se desarrollará una actividad personal que permita reflexionar sobre el trabajo realizado.

Para que los alumnos se involucren y tomen conciencia de los nuevos conocimientos que gradualmente incorporan a sus saberes, se les deberá proponer actividades, en clase y fuera de ella, que los orienten en la tarea de *"estudiar"* tales como:

- ✓ releer las conclusiones elaboradas en forma colectiva,
- ✓ rehacer los problemas más complejos,
- ✓ realizar "simulacros" de evaluación con problemas similares a los que tendrá la prueba escrita,
- ✓ revisar problemas solucionados para reflexionar sobre las estrategias utilizadas,
- ✓ elaborar fichas que permitan: ordenar temas, recabar información que se necesita retener...
- ✓ organizar tutorías entre alumnos para que unos ayuden a los otros,
- ✓ ...

Organizar secuencias didácticas

Para que los alumnos *progresen, evolucionen* en la apropiación de los conocimientos matemáticos es necesario que el docente presente, tanto un contenido en diferentes contextos, así como, la reiteración de actividades. Los aprendizajes matemáticos no se construyen de una sola vez sino que requieren de sucesivas aproximaciones y resignificaciones.

Los alumnos, al evolucionar, logran dominar mejor lo que ya saben o enriquecerlo con nuevos sentidos o modificarlo para reorganizarlo en un nuevo campo de saberes como producto de la incorporación de nuevos conceptos.

Una propuesta didáctica de calidad conlleva a que los problemas, las situaciones de aprendizaje, se encadenen formando *secuencias didácticas* que tienden a complejizar, resignificar, transformar un concepto.

El armado de secuencias didácticas cobra relevancia a la hora de pensar *qué* y *cómo* enseñar.

Una secuencia didáctica es un conjunto de actividades que guardan coherencia entre sí; son actividades pensadas para favorecer la construcción de determinados conocimientos. Cada actividad se engarza con la otra y en su conjunto presentan diferentes modos de aproximación al contenido.

El trabajo matemático a partir de secuencias genera aprendizajes relacionados y no entrecortados; de modo tal que impriman sentido y riqueza a las acciones.

Al armar secuencias didácticas, el docente debe pensar variables didácticas. Según el ERMEL (1990), *"Variable didáctica es una variable de la situación sobre la cual el docente puede actuar y que modifica las relaciones de los alumnos con las nociones en juego, provocando la utilización de distintas estrategias de resolución"*.

Veamos las siguientes situaciones presentadas por Lucrecia a un grupo de alumnos de 4º año.

Situación 1

Tomar los siguientes conjuntos de varillas:
    a) Una de 10 cm y dos de 8 cm
    b) Una de 6 cm, una de 8 cm y una de 10 cm
    c) Una de 4 cm, una de 6 cm y una de 10 cm
    d) Una de 2 cm, una de 6 cm y una de 10 cm

Formar una poligonal cerrada con cada conjunto de varillas, ¿es posible hacerlo en todos los casos?
Registra en cuales sí y en cuáles no.

Situación 2

En los casos en que pudieron formar un triángulo así como en los que no se formó un triángulo indiquen:
¿Qué relación se establece entre la suma y resta de dos lados en comparación con el tercero?

Situación 3

Piensen las medidas de tres segmentos que:
✓ permitan armar un triángulo.
✓ no permitan armar un triángulo.

Pasen a los compañeros de la derecha las medidas propuestas para que ellos comprueben si cumplen o no con la propiedad triangular.
Justifiquen la respuesta.

Las situaciones presentadas por Lucrecia constituyen una secuencia didáctica relacionada con la propiedad fundamental de triángulos para que sus alumnos al desechar la conjetura: *"con tres segmentos se forma un triángulo"* comprendan las condiciones que deben cumplir los segmentos para armar un triángulo.
 ✓ *Situación 1*, permite, a los alumnos, comprobar que no basta tener tres segmentos para armar un triángulo. Con las medidas de las varillas "c" y "d" no se puede armar un triángulo, en cambio con las medidas de "a" y "b" si.
 ✓ *Situación 2*, se les pide que busquen relaciones entre la suma o resta de dos lados en comparación con el otro lado. Así descubrirán que en los casos "a" y "b", donde armaron el triángulo, la suma de dos lados es mayor que el otro lado y que la diferencia de los dos lados es menor que el otro lado. En cambio en los casos "c" y "d", donde no armaron los triángulos, no se comprueba esta relación.

De esta forma, los alumnos, con ayuda del docente, pueden enunciar la propiedad fundamental de triángulo:

> **En un triángulo la medida de cada lado es menor que la suma de los otros dos y mayor que su diferencia.**

✓ *Situación 3* aquí los alumnos deben proponer valores para los lados del triángulo que cumplan y que no cumplan la propiedad descubierta.

Pensar en la organización grupal

El docente, a la hora de seleccionar el problema a trabajar, también debe pensar en el tipo de organización grupal con la cual lo propondrá, teniendo en cuenta el nivel de conocimientos que el problema involucra y las interacciones que se pretende promover.

A veces es necesario comenzar con un trabajo individual para que cada niño enfrente el problema desde los conocimientos que dispone. Este acercamiento, por lo general, será el punto de partida para un posterior análisis colectivo.

En otras oportunidades es conveniente comenzar con un trabajo en pequeños grupos o parejas para que los alumnos puedan interactuar entre ellos enriqueciendo la producción. Por ejemplo:
  ✓ *"enviar un mensaje con la descripción de una figura para que otros la reproduzcan"*
  ✓ *"dar pistas verbales para que otros descubran de que cuerpo se trata"*.

Tener en cuenta los momentos del trabajo matemático.

Al implementar las situaciones de enseñanza, el docente anticipa una organización que incluye distintos momentos. Estos son:

✓ *Presentación de la situación*
   Es el momento en el cual el docente plantea el problema, indica la organización grupal y se asegura de que la tarea haya sido comprendida por todos. El docente tiene un rol protagónico. Generalmente se realiza en grupo total. Coincide con el *inicio* de la actividad.
✓ *Momento de resolución*
   Puede ser individual o bien en pequeños grupos o parejas, de acuerdo con el tipo de situación que se plantee.

   El protagonismo pasa del docente a los alumnos pues ellos intercambian opiniones, discuten, confrontan formas de resolución, con el fin de dar respuesta al problema planteado. El docente cumple un rol de guía, de orientador de la tarea. Este momento coincide con el *desarrollo* de la actividad.
✓ *Presentación de los resultados o puesta en común*
   Es un espacio de trabajo colectivo que permite la socialización, comunicación, explicitación de las estrategias producidas para que todos puedan conocerlas y, de ser posible, reutilizarlas.

   Los alumnos deben fundamentar sus respuestas y aceptar los posibles errores. Se desarrolla una argumentación sobre el problema y las estrategias de resolución se analizan en función del problema a resolver.

   Este momento permite:
   ✓ A los alumnos, tomar distancia y reflexionar sobre lo realizado tanto por su grupo como por los otros grupos.
   ✓ Al docente, conocer el nivel de construcción alcanzado por el grupo escolar.

Tanto el docente como el alumno protagonizan este momento ya que intercambian opiniones, descubrimientos, procedimientos... respecto del saber a construir.

✓ Síntesis de lo realizado

Es un momento destinado a elaborar generalidades, *"establecer límites"* a las resoluciones presentadas, buscar nuevas relaciones, identificar los conocimientos matemáticos que se pusieron en juego en la resolución y análisis y también analizar errores con el objetivo de elaborar explicaciones que permitan revertirlos.

Permite recapitular y comparar los conocimientos anteriores con los nuevos, tomar conciencia de las progresivas reorganizaciones del conocimiento. Es un trabajo reflexivo sobre el propio proceso de estudio.

El docente adopta un rol protagónico como coordinador del debate dado que su saber asimétrico hace que tenga clara la finalidad que persigue.

Los dos últimos momentos mencionados, se llevan adelante dentro del *cierre* de la actividad.

Estos momentos no necesariamente se deben cumplimentar en un mismo día de trabajo, puede haber inicios y desarrollos sucesivos que se engloban en un cierre posterior que retoma lo realizado en los diferentes días. A veces, el cierre se puede transformar en el inicio de la actividad siguiente, dando a conocer el estado de construcción alcanzado. En este caso, son los niños quienes asumen un rol activo y el docente coordina.

Retomando la secuencia descripta podemos decir que:
- ✓ El *momento de presentación de la situación* o *inicio* se da cuando Lucrecia plantea a su grupo de alumnos *"en parejas resuelvan la situación 1"*. Aquí el docente asume un rol protagónico, indica tanto la actividad como la organización grupal.
- ✓ *Momento de resolución*: se da cuando los niños, en parejas, resuelven la situación propuesta. Son ellos los protagonistas de este momento.
- ✓ *Momento de presentación de resultados o puesta en común*: se da cuando las diferentes parejas exponen los resultados

alcanzados. Aquí el protagonismo esta tanto en el docente como en los alumnos.
- ✓ *Momento de síntesis de lo realizado*: se da cuando Lucrecia a partir de las decisiones tomadas por los alumnos los hace reflexionar acerca de que *"tres segmentos no necesariamente forman un triángulo"*. El docente asume el protagonismo, hace reflexionar a los alumnos en torno al concepto que intencionalmente se propuso trabajar

Evaluar los logros alcanzados

La evaluación es parte inherente de los procesos de enseñanza y de aprendizaje dado que suministra información y da direccionalidad al proceso de enseñar. Hay distintos tipos de evaluación:

✓ *Evaluación inicial o de diagnóstico.*

Permite relevar información acerca del punto de partida de los conocimientos de los alumnos respecto de un determinado contenido. Da luz a la hora de planificar la enseñanza porque permite conocer los conocimientos disponibles de la clase.

No se trata de evaluar a cada alumno sino de identificar los conocimientos que están disponibles en la mayor parte de ellos. Son el punto de partida; por lo tanto se debe realizar no sólo al comienzo del año sino antes de la enseñanza de los distintos contenidos.

Supongamos, por ejemplo, que un docente en 5° año propone a su grupo la siguiente actividad:

> **Jugando con varillas**
> Tomen tres varillas y armen un triángulo.
> Expliquen por qué eligieron esas varillas.

Esta es una actividad diagnóstica porque le permitirá al docente comprobar si sus alumnos recuerdan o no la propiedad fundamental de triángulo. Cuestión importante para continuar el trabajo iniciado en 4º año.

✓ *Evaluación de proceso*

Este tipo de evaluación es realizada por el docente durante el momento de enseñanza. Suministra información acerca de qué aspectos son necesarios enfatizar, qué relaciones nuevas están disponibles, cuales conocimientos dominan los alumnos y sirven como punto de partida de otros, así como cuáles requieren ser enseñados nuevamente. Por lo general se lleva a cabo en el momento de la puesta en común y se relaciona con las estrategias utilizadas por los alumnos para resolver el problema planteado.

✓ *Evaluación de producto*

Esta instancia, por lo general, no es colectiva sino individual; suministra, al docente, información sobre la marcha de los aprendizajes de un alumno, es decir, de los logros alcanzados hasta el momento. Se evalúan los progresos en relación tanto con los conocimientos iniciales como con lo que se ha enseñado en el aula.

Los problemas que se plantean en esta instancia deben ser conocidos, similares a los ya estudiados, no "nuevos", porque se trata de evaluar si aquello que tenía status de "novedoso" se ha vuelto conocido como producto del trabajo sistemático realizado en el aula.

Además es importante tener presente que no todo lo que se enseña debe ser evaluado, es suficiente un recorte de lo enseñado, aquello que se considere de vital importancia para la continuidad del proceso de aprendizaje.

En síntesis

A la hora de enseñar matemática desde el Enfoque de la Resolución de Problemas debemos tener presente que:

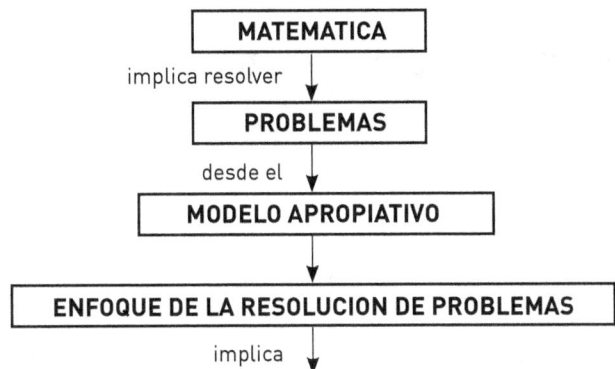

- ✓ Plantear problemas
- ✓ Proponer un trabajo exploratorio
- ✓ Aceptar el error.
- ✓ Propiciar la producción y generalización de conjeturas.
- ✓ Favorecer la reorganización y establecimiento de relaciones entre conceptos.
- ✓ Enseñar a estudiar
- ✓ Organizar secuencias didácticas
- ✓ Pensar en la organización grupal.
- ✓ Tener en cuenta los momentos del trabajo matemático
- ✓ Evaluar los logros alcanzados.

Capítulo 2
La enseñanza de la geometría en la Escuela Primaria

La geometría fue perdiendo lugar en las aulas de la Escuela Primaria por diferentes motivos que impactaron directamente en la enseñanza de la matemática y en ella en particular.

Entre los años 60 y 80 se produjeron aportes que favorecieron su "olvido" tales como:
- ✓ La *Reforma de la Matemática Moderna* que dio importancia a lo axiomático y al lenguaje lógico-simbólico.
- ✓ La *Escuela Nueva* que consideraba necesario, para "despertar el interés de los alumnos", buscar relaciones entre los objetos matemáticos y la "vida cotidiana".
- ✓ El *aplicacionismo de los textos piagetianos* hizo que en el discurso de la época apareciera la necesidad de enseñar "de lo concreto a lo abstracto".

Ideas contradictorias que iban desde enseñar a partir de "lo abstracto" hasta trabajar comenzando con "lo concreto" abonaron confusión en relación al tipo de trabajo matemático que debía realizarse en las aulas. De esta forma, poco a poco, fue perdiendo parte del sentido que había tenido la geometría.

Un poco de historia

La *geometría*, que etimológicamente significa *"medición de la tierra"*, surgió como una *ciencia empírica* al servicio del control de las relaciones del Hombre con su espacio circundante.

Los primeros conocimientos geométricos se asocian a la resolución de un problema práctico y se localiza en el antiguo Egipto. Las periódicas inundaciones del río Nilo arrastraban las demarcaciones de los terrenos, haciendo necesaria la reconstrucción de los límites cada vez que el río bajaba. Así su aparición se vio ligada a cuestiones naturalistas y se la asoció a lo empírico, se debían retribuir terrenos de dimensiones equivalentes a los perdidos. Utilizaba razonamientos inductivos, partía de la experiencia para llegar a la formulación de reglas. Se basaba en pruebas experimentales. Por lo tanto la geometría nació como una reunión de reglas empíricas que permitían medir o dividir figuras.

Entre los siglos VI y III a. C la geometría llega a Grecia donde Thales de Mileto, Arquímedes, Pitágoras, Euclides, Heráclito de Efeso y otros recopilan, clasifican, ordenan, los conocimientos geométricos de la época y construyen una nueva geometría de carácter abstracto.

El conocimiento geométrico pasó de maestros a discípulos constituyéndose en una cuestión de vocación y de acercamiento a un núcleo de estudio.

El punto culminante de este proceso es la aparición del tratado *Los elementos* de Euclides. *Los elementos* fue el libro de texto de la época, usado por los alumnos de Euclides en su escuela de Alejandría. En él los conocimientos geométricos se estructuraron en forma lógico-deductiva: nociones comunes, postulados, axiomas, teoremas. Así, la geometría pasa de ser empírica a abstracta, adquiere un rango universal. Esta óptica deductiva, basada en ideas, se conservó durante dos milenios. *"Los elementos"* de Euclides fue el libro de texto, por excelencia, hasta el siglo XIX.

En este momento la verdad o falsedad no puede apoyarse en la percepción ni en la medida sino que requiere de argumentos sustentados en las propiedades de los objetos geométricos, siendo la validación racional uno de los aspectos centrales del trabajo geométrico.

Se establecen redes de relaciones que permiten verificar la verdad o falsedad de una proposición.

Los matemáticos adoptaron rápidamente estas ideas euclidianas, enseñando una geometría basada en demostraciones y deducciones.

En el siglo XVI el gran desarrollo del arte sirve de motor para el planteo de nuevos problemas geométricos –como la perspectiva– que no encuentran respuesta en *"Los elementos"* de Euclides. De esta forma, lo que fuera un método artístico se convertiría en la base de una nueva geometría al servicio de las construcciones edilicias y fortificaciones.

A partir de este momento la geometría necesita no sólo de las descripciones sino también del cálculo. El punto culminante de esta aritmetización se encuentra en el siglo XVII con la *Geometría Analítica* de Descartes, donde números y elementos geométricos se integran.

Así, después de muchas idas y vueltas, la geometría pasó de poseer un carácter eminentemente empírico a uno abstracto. De estar relegada a aspectos métricos –cálculo de áreas de figuras planas y volúmenes de cuerpos– pasó al olvido en la época de la denominada Matemática Moderna. Hoy la geometría vive un nuevo momento de esplendor: todo el mundo reconoce su calidad y su conveniencia.

La geometría y sus relaciones

El docente debe conocer cómo la enseñanza de la geometría se relaciona con saberes de otros ámbitos, debe ser consciente que *"no enseñarla"* deja a sus alumnos sin las herramientas necesarias para comprender el mundo que lo rodea.

Algunos de los usos de la geometría son:

▪ *La geometría forma parte de nuestro lenguaje cotidiano.*

El vocabulario geométrico nos permite comunicarnos y entendernos con mayor precisión. En nuestra *lengua verbal* hacemos uso de términos provenientes de la geometría, es común escuchar frases del tipo:
- ✓ "Sarmiento y Callao son calles *perpendiculares*, te espero en la intersección de ambas".
- ✓ "Para retomar la salida va hasta la esquina y toma la calle *paralela* a esta y sale directamente".
- ✓ "Después de la *curva* encuentra un puente, lo sube y llega al Centro Comercial".
- ✓ "Para el baño de mi casa compré cerámicos *rectangulares*".
- ✓ "Para cada dependencia compré cestos con forma *cilíndrica*".

Por otra parte el *lenguaje de las formas* cada vez se usa más; aparece en las señalizaciones viales, navales..., en los logotipos, en las banderas, en los iconos de los programas de computación. En ellas podemos observar representaciones con formas de rombos, cuadrados, círculos, y demás figuras geométricas.

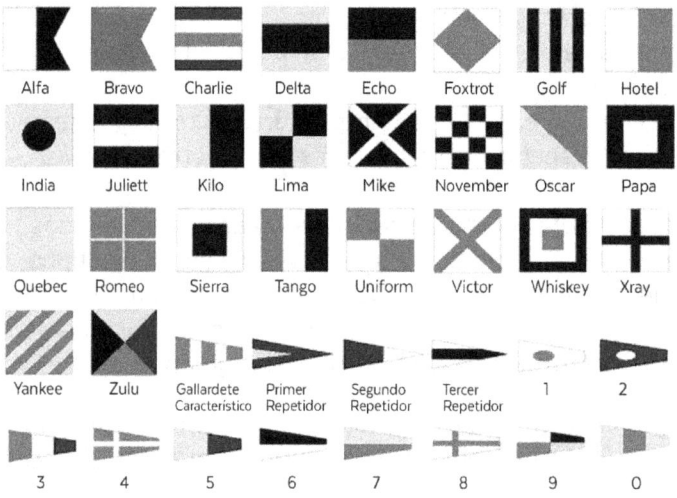

La geometría tiene aplicaciones en problemas de la vida real.

Muchas veces la falta de conocimientos geométricos nos hace no darnos cuenta de cómo en nuestra vida cotidiana realizamos numerosas aplicaciones de la geometría, ejemplo de ellos son:
- ✓ Al diseñar un cantero, una pieza de cerámica, un folleto.
- ✓ Al cubrir una superficie o calcular el volumen de un cuerpo.
- ✓ Al leer un plano.
- ✓ Al construir un techo con una determinada inclinación.

La estructura del universo, también, se explica en términos geométricos. Los cristales, minerales, frutos y flores, copos de nieve, animales del mar... son descriptibles en términos geométricos.

La geometría se usa en todas las ramas de la matemática.

La geometría es un recurso rico a la hora de visualizar conceptos aritméticos, algebraicos, estadísticos.

Algunos modelos geométricos usados en la enseñanza son:
- ✓ La *recta* numérica para representar números.
- ✓ Las *figuras* y formas que se utilizan al enseñar los números racionales en su expresión fraccionaria.
- ✓ Los arreglos *rectangulares* para estudiar propiedades de los números naturales.
- ✓ La idea de *curva, figura* y *cuerpo* relacionados con los conceptos de longitud, superficie, volumen.
- ✓ Las *coordenadas* de un plano que permiten representar puntos a través de pares ordenados.
- ✓ Los *gráficos de barras, circulares, lineales*... que permiten describir datos numéricos.
- ✓ Los *gráficos de funciones* para encontrar la solución de sistemas de ecuaciones.
- ✓ El *geoplano* para representar fracciones, figuras, recorridos...

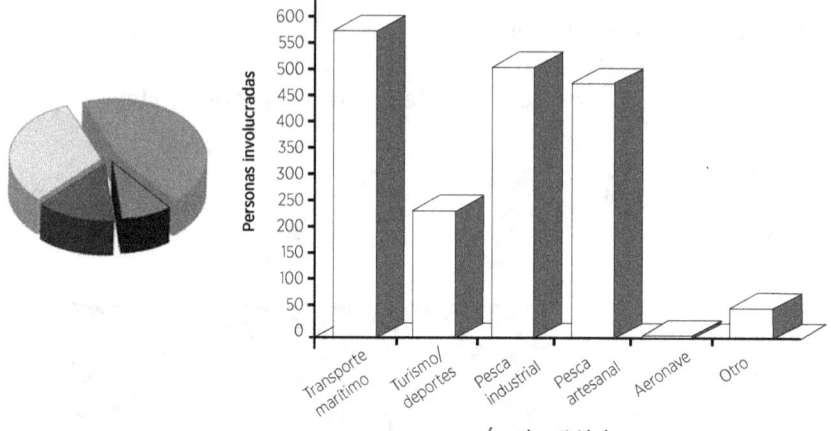

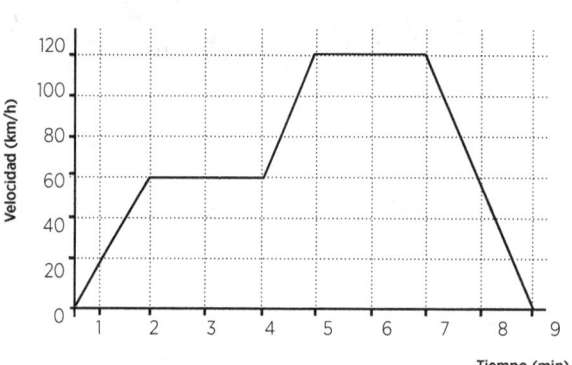

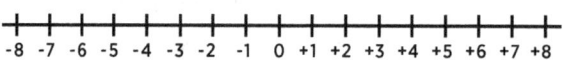

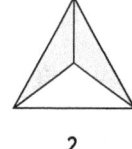 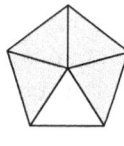 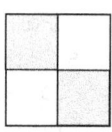

$\dfrac{2}{3}$ $\dfrac{4}{5}$ $\dfrac{2}{4}$

Dos tercios   Cuatro quintos   Dos cuartos

La geometría sirve de base para comprender conceptos de matemática avanzada y de otras ciencias.

La geometría es un prerrequisito para el estudio de la física, la astronomía, la biología, la geología, la tecnología y...

Es importante para el análisis matemático donde la derivada de una función en un punto puede modelizarse como la pendiente de la recta tangente a la curva que representa la función en ese punto, o la integral definida en un intervalo, por el área bajo la curva en ese intervalo.

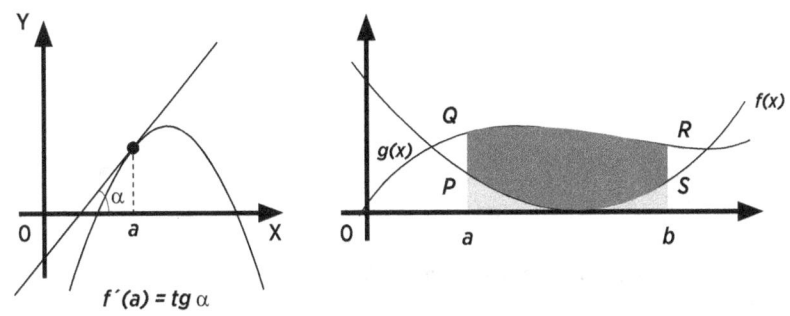

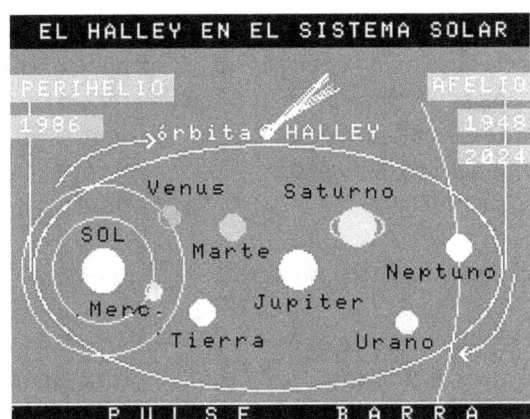

La geometría es un medio para desarrollar la percepción espacial y la visualización.

Todos necesitamos habilidades de visualización y de percepción espacial que nos permitan leer representaciones bidimensionales de objetos tridimensionales para comprender las instrucciones para armar un juguete, un placar, un mueble, para imaginar cómo quedará nuestra casa.

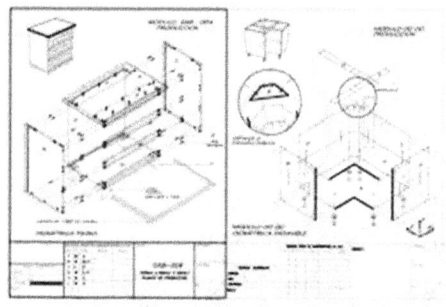 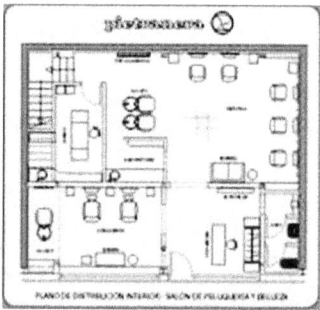

La geometría como modelo de disciplina organizada lógicamente.

La geometría, desde sus inicios ha sido organizada lógicamente. A su vez acompaña en el desarrollo de las habilidades de pensamiento y en las estrategias de resolución de problemas pues da a los alumnos la posibilidad de observar, comparar, medir, conjeturar, imaginar, crear, generalizar y deducir; permitiendo de esta forma que sean ellos quienes descubran relaciones.

La geometría posee valor estético y cultural.

La geometría es un medio de enseñar estética pues aparece en la pintura, en la arquitectura, en la danza, en la moda, en la escultura, en los paisajes... no desarrollar estas habilidades puede hacer que los alumnos sean incapaces de apreciar la belleza del mundo natural y artificial.

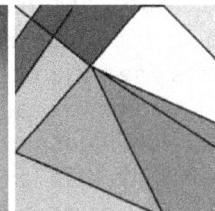

La geometría y su enseñanza en la Escuela Primaria

Después de comprender la importancia que tienen los conocimientos geométricos en la vida de un individuo cabe preguntarnos ¿desde dónde enseñamos geometría en la Escuela Primaria?
Es conocido que se lo puede hacer desde una vertiente:
- ✓ Lógico-racional basada en axiomas, que se desarrollan bajo un riguroso razonamiento deductivo.
- ✓ Intuitiva y experimental basada en la búsqueda, descubrimiento y comprensión por parte del alumno de los conceptos y propiedades geométricos que le permiten explicarse aspectos del mundo en que vive.

Nosotros nos encuadramos en esta segunda vertiente y compartimos la expresión de Bishop (1983) *"la geometría es la matemática del espacio"* dado que es a través del estudio del espacio físico y de los objetos que en él se encuentran por donde el alumno puede comenzar a realizar sus primeras aproximaciones. Esto no implica quedarnos en el espacio físico sino tomarlo como punto de partida para luego avanzar hacia el establecimiento de imágenes, relaciones y razonamientos manejables mentalmente.

Es importante considerar que la interrelación entre el espacio físico y el matemático siempre está presente, pues desde los niveles más abstractos se buscan y crean modelos físicos o gráficos en quienes representarse y, viceversa, el mundo físico tiende a explicarse a través de los modelos matemáticos y especialmente geométricos.

La comprensión del espacio se inicia en las personas a través de su experiencia directa, con los objetos del espacio circundante y se enriquece a partir de actividades de construcción, dibujo, medida, visualización, comparación, transformación, discusión de ideas, conjeturas y comprobación de hipótesis; facilitando, de esta forma, el acceso a la estructura lógica y a los modos de demostración intrínsecos de la disciplina.

Desde esta perspectiva el "hacer geometría" podrá caracterizarse de la siguiente forma:

- ✓ Los *objetos* de la geometría –punto, recta, cuerpos, figuras...– no pertenecen al espacio físico real sino a un espacio teórico.
- ✓ Los *dibujos* no muestran las propiedades que definen a las figuras, sino que el conocimiento geométrico del sujeto determina lo que se puede "ver" en ellos. Por lo tanto son representaciones de objetos teóricos que no deben ser sobrevalorados. El dibujo es la representación de un objeto geométrico ideal denominado figura. Deben ser presentados en variedad de posiciones y tamaños para que los alumnos no crean que las dimensiones y posiciones forman parte de las características propias de la figura.
- ✓ Muchos *problemas geométricos* pueden, en un comienzo, ser explorados empíricamente –analizando dibujos, recurriendo a mediciones– lo cual permitirá obtener resultados y formular conjeturas que luego deberán transformarse en verdades demostrables.
- ✓ Los *enunciados, relaciones y propiedades* admiten diferentes niveles que serán abordados en diferentes momentos de la escolaridad.

En síntesis
Los invitamos a leer el final del cuento de Claudi Alsina (1991b):

> "–Ring, ring, ring –suena el teléfono.
> –¿Sí? ¿Diga?... ¿Cómo? ¿Que no ha muerto?... ¿Pues dónde está ahora?... Ya, la geometría está... espere que lo anoto... en nuestros cuerpos, en el paisaje, en nuestras casas... pero qué alegría me da... ¿y se encuentra bien?... estupendo, mejor que nunca... ya ha necesitado varios trasplantes... es curioso... y qué ha sido... le han cambiado letras por dibujos, discursos por talleres... y le han tenido que administrar unos cuantos axiomas con ternura, unos teoremas felices y unas cuantas demostraciones emocionantes... ¡Gracias por comunicarlo!
> Bien, pueden quedarse tranquilos, la Geometría vive...
> **¡Viva la Geometría!**"

Capítulo 3
Las habilidades espaciales

La geometría posee características de estudio diferentes a las de la aritmética, de ahí que una buena enseñanza debe orientarse al desarrollo de habilidades variadas. Esas habilidades son:
- ✓ Visuales
- ✓ De dibujo y construcción.
- ✓ De comunicación.
- ✓ De pensamiento.
- ✓ De aplicación o transferencia.

Las habilidades mencionadas se deberán trabajar como un todo pues resulta prácticamente imposible desarrollarlas por separado, dado que las actividades que conllevan un aprendizaje significativo involucran a más de una de ellas. No obstante, nosotros las abordaremos por separado para que usted, docente, tome conciencia del valor de cada una de ellas.

En el análisis incluiremos algunas actividades que privilegian el desarrollo de una habilidad, aunque su resolución implique también el uso de otras habilidades. Las mismas podrán plantearse en grupos de no más de cuatro alumnos o en parejas y pueden ser programadas en diferentes años de la Escuela Primaria.

Habilidades visuales

El desarrollo de esta habilidad permite la representación mental de los objetos y formas que nos rodean. Ella es de máxima importancia para el estudio del espacio dado que la gran mayoría (85%) de la información espacial que llega a nuestros sentidos entra a través del sistema óptico.

Si recurrimos al diccionario de la Real Academia Española encontramos que *"visualizar"* significa:
- ✓ Formar en la mente una imagen visual de un concepto abstracto.
- ✓ Imaginar con rasgos visibles algo que no se tiene a la vista.

En geometría, a diferencia de la aritmética, un concepto y su forma gráfica son esencialmente la misma cosa.

Por ejemplo:
- ✓ *En aritmética* el símbolo "5" nada tiene que ver con la cantidad que representa, es la forma de escribir la palabra número "cinco".
- ✓ *En geometría* la palabra "triángulo" y su forma gráfica son la misma cosa.

Pero un sujeto se lo puede representar como:

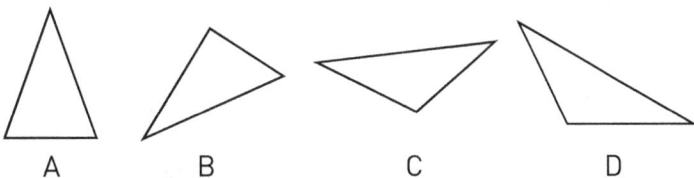

A　　　B　　　C　　　D

Todas las representaciones hacen referencia al concepto de "triángulo" pero cada una posee forma, tamaño y orientación diferente. Esto conlleva una dificultad adicional, pues el alumno deberá poder diferenciar entre lo particular y lo general. Lo "general" es ser triángulo, poseer tres lados y tres ángulos y lo "particular" es como son los lados y los ángulos.

La importancia de esta habilidad radica en que muchos de los conceptos geométricos no pueden ser reconocidos, comprendidos, si el alumno no puede percibir visualmente ejemplos e identificar figuras y propiedades por asociación con conocimientos previos.

Por ejemplo: un alumno comprende el concepto de rectángulo cuando es capaz tanto de identificarlo en diferentes posiciones y tamaños así como diferenciarlo entre otras figuras. De esa forma podrá evocarse o representarse esas formas cuando se nombra la palabra "rectángulo".

Es de suma importancia que el docente ofrezca gran variedad de estímulos visuales que les permitan, a los alumnos, generalizar sus imágenes y conceptos acerca de las propiedades geométricas.

Algunas actividades que favorecen el desarrollo de esta habilidad son:
- ✓ Relacionar objetos de uso cotidiano con su forma geométrica.
- ✓ Observar una construcción realizada por otro durante unos segundos y luego reproducirla tal como está.
- ✓ Por el tacto descubrir de que figura se trata.
- ✓ Por la huella descubrir de que cuerpo se trata.

Habilidades de dibujo y construcción

Estas habilidades permiten hacer evidentes las imágenes mentales y son un medio para el estudio de las propiedades geométricas.

Están ligadas a las representaciones externas dado que los cuerpos que armamos o las figuras que dibujamos no son "las figuras geométricas" de las que trata la geometría sino que son modelos, más o menos precisos, de las ideas que tenemos respecto de ellas.

El docente debe tener presente que:
- ✓ el mundo cotidiano presenta variedad de ejemplos relacionados con las formas geométricas y sus propiedades.

✓ son variados los materiales –útiles de geometría, varillas, geoplanos, papeles, sorbetes, retroproyectores, programas de computación...– que permiten a los alumnos representar problemas geométricos.

Se debe hacer uso de todos estos elementos para que los alumnos puedan observar diferentes imágenes de un mismo cuerpo o figura, porque las imágenes estereotipadas –siempre en igual tamaño y posición– acarrean concepciones equivocadas que se transforman en obstáculos del conocimiento geométrico. Como ser:
✓ Un ángulo recto debe tener siempre un lado horizontal.
✓ Para ser lado de una figura el segmento debe ser vertical.
✓ Un ángulo recto es un ángulo que apunta a la derecha.
✓ ...

Los alumnos, en el aprendizaje de la geometría, deben desarrollar habilidades relacionadas con la:
✓ *Representación de figuras y cuerpos.* Por ejemplo: anticipar la huella que dejará un objeto desde distintos puntos de vista.
✓ *Reproducción de figuras y cuerpos.* Por ejemplo: proponer la copia en igual o diferente tamaño de modelos dados.
✓ *Construcción de figuras y cuerpos.* Por ejemplo: realizar construcciones a partir de datos dados.

Otras actividades que favorecen el desarrollo de esta habilidad son:
✓ Construir figuras o cuerpos utilizando geoplanos, varillas, sorbetes..., pedir a otro compañero que reconozca de qué forma se trata y qué propiedades puede reconocer en él.
✓ Dibujar un eje ortogonal (**x**, **y**) en una escala de 1 cm. y dibujar en él una figura de líneas rectas, por ejemplo rectángulo. Colocar letras a cada vértice indicando a que par ordenado pertenece, por ejemplo A = (1,3).

Luego dibujar la misma figura en ejes ortogonales que posean estás características:
- **x** e **y** en una escala de 2 cm.
- **x** en una escala de ½ cm. e **y** en una escala de 1 cm.
- **x** en una escala de 1 cm. e **y** en una escala de ½ cm.

Por último, reflexionar en torno a qué modificaciones sufre la figura en relación con la figura inicial, analizando si conservan o no las rectas, los ángulos, las longitudes, el paralelismo y a que se deben las modificaciones detectadas.

Habilidades de comunicación

En la habilidad anterior nos detuvimos en cómo el docente debe favorecer en sus alumnos el desarrollo de las habilidades de representación, reproducción y construcción de figuras y cuerpos geométricos, pero tan importante como eso es el poder comprender y hablar en lenguaje geométrico.

La habilidad de comunicación se relaciona con la competencia de leer, escribir, interpretar, comunicar..., información geométrica usando el vocabulario y los símbolos adecuados.

El desarrollo de ambas habilidades juega un papel muy importante en el aprendizaje geométrico.

En el aula, docente y alumno deben analizar los alcances de un mismo vocablo, frase o símbolo para que todos tengan una clara representación de lo que se entiende por los términos que se usan. De esta forma se busca el uso de palabras exactas y suficientes.

En relación con las *palabras* encontramos algunas que:
✓ tienen igual fonía y escritura pero diferente significado en el lenguaje cotidiano y en el geométrico, por ejemplo:

Radio:
- aparato que recibe señales emitidas por el aire y la transforma en sonido (lenguaje cotidiano).

- segmento que une el centro con cualquier punto del borde de la circunferencia (lenguaje geométrico).

✓ tienen igual fonía y escritura y significado iguales o similares tanto en el lenguaje cotidiano como en el geométrico, por ejemplo:

Intersección:
- encuentro de dos líneas, dos superficies o dos sólidos que recíprocamente se cortan y que es, respectivamente, un punto, una línea y una superficie.
- cruce de dos elementos que se cortan entre sí.

✓ se usan como sinónimos desde el lenguaje vulgar y desde el geométrico no lo son, por ejemplo:

Área y superficie:
- espacio de terreno que ocupa un edificio, zona destinada a una actividad específica (lenguaje cotidiano: son sinónimos).
- la *superficie* es una cualidad de la figura, es la extensión y el *área* es un número, se relaciona con la medida de una superficie (lenguaje geométrico).

✓ son específicas de la geometría, por ejemplo: *hipotenusa*.

Además deben comprender las implicancias de los vocablos: "ni", "no", "algunos", "todos", "si... entonces"... por ejemplo: "*Si* saco de la bolsa una figura de cuatro ángulos rectos *entonces* puede ser un cuadrado o un rectángulo".

En relación con los *símbolos* podemos decir que estos nos permiten comunicar información en forma reducida, por ejemplo:
✓ (a, b) indican las coordenadas de un punto.
✓ $\hat{A}$ indica un ángulo.
✓ □ indica un cuadrado.

Dentro de esta habilidad se deberán trabajar el:
✓ *Escuchar, localizar, leer e interpretar información geométrica presentada en diferentes formas.*
Por ejemplo:
- seguir instrucciones escritas,
- seleccionar la respuesta correcta,
- completar oraciones, crucigramas,
- ....

✓ Dom*inar, definir y comunicar información geométrica en forma clara y ordenada.*
Por ejemplo:
- asociar palabras con definiciones,
- analizar distintas definiciones de una misma figura o cuerpo,
- describir relaciones entre los elementos de un cuerpo o figura,
- elaborar un glosario,
- ... ...

Otras actividades son:
✓ Describir cuerpos, figuras...
✓ Explicar un procedimiento utilizado.
✓ Seleccionar pistas que definan geométricamente un objeto.
✓ Describir un objeto cotidiano usando vocabulario geométrico.

Habilidades de pensamiento

Las habilidades de pensamiento están íntimamente relacionadas con las de razonamiento y éstas con las lógicas, es decir con la posibilidad de poder producir un argumento, de expresar ideas en forma ordenada y llegar a una conclusión.

Dentro del razonamiento lógico encontramos la inducción y la deducción.

✓ *Razonamiento inductivo*
Consiste en elaborar conjeturas, hipótesis, que surgen de la generalización de las propiedades. Es el razonamiento básico para la creación de conceptos.

✓ *Razonamiento deductivo*
Este tipo de razonamiento es el que permite demostrar la verdad de las conclusiones halladas, por ejemplo: los teoremas, pues en ellos se demuestra la verdad de una tesis. Para probar una generalización necesitamos de este tipo de razonamiento que lo independiza de la experiencia y lo torna universal.

Los alumnos de la Escuela Primaria, por lo general, no alcanzan el razonamiento deductivo pero sí pueden iniciarse, en la presentación de contraejemplos que les permiten desechar generalizaciones. Pueden explicar los alcances de la frase:

> **Todo cuadrado es rombo.**
> **Algún rombo es cuadrado.**

Favorecen el desarrollo de esta habilidad actividades como:
✓ establecer comparaciones
✓ completar series
✓ clasificar
✓ generalizar propiedades a partir de ejemplos
✓ encontrar relaciones entre figuras, cuerpos
✓ dadas propiedades de un objeto, inferir de que objeto se trata
✓ a partir de ejemplos extraer reglas y generalizaciones
✓ establecer un conjunto mínimo de propiedades que permiten definir un cuerpo o figura
✓ ...

Habilidades de aplicación o transferencia

Las habilidades de aplicación o transferencia permiten utilizar la geometría para explicar fenómenos, hechos, conceptos y resolver problemas relacionados o no con la matemática.

La habilidad de aplicación prioritaria es la de *modelización*, que consiste en aplicar el lenguaje y los métodos de la matemática a diferentes problemas.

El mundo en el cual vivimos nos enfrenta a diario a situaciones de contenido geométrico y a su vez nos crea problemas que la geometría puede ayudar a interpretar y resolver. Ejemplo de ello son:
- ✓ Comunicar un recorrido a realizar.
- ✓ Leer un mapa.
- ✓ Comprender el desarrollo de un cuerpo.
- ✓ Entender las señales viales.

El docente, con el objetivo de favorecer en sus alumnos el desarrollo de la habilidad de modelización, desde los primeros años de escolaridad, puede proponer actividades como las que se detallan a continuación:

✓ **Sensibilización**

Los estudiantes deben buscar patrones geométricos en el mundo que nos rodea, de ahí que deben sensibilizarse ante los aspectos visuales y geométricos que se nos presentan a diario. Por ejemplo:
- Identifiquen formas y cuerpos en el mundo real.
- Busquen relaciones geométricas en el mundo real.

✓ **Interrogación**

Apunta a preguntarnos por qué las cosas tienen tal forma o guardan tal o cual relación. Por ejemplo:
- Elaborar preguntas que permitan indagar propiedades geométricas.
- Cuestionar estrategias.

✓ **Representación, explicación**
Se trata de explicar ideas o imágenes en términos geométricos. Por ejemplo:
- Descubran propiedades geométricas.
- Representen fenómenos físicos con gráficos geométricos.

✓ **Análisis de representaciones**
Tiene por objetivo el reflexionar en torno a ver si la representación realizada se ajusta o no a un concepto, imagen o problema. Por ejemplo:
- Buscar ejemplos de propiedades geométricas.
- Justificar propiedades geométricas.

En síntesis
El trabajo geométrico en el aula debe permitir, al niño, desarrollar en forma simultánea las diferentes habilidades. Este trabajo debe comenzar en los primeros años y continuar a lo largo de la Escuela Primaria con diferentes niveles de profundización.

HABILIDADES ESPACIALES
- Visuales
- De dibujo y construcción
- De comunicación
- De pensamiento
- De aplicación o transferencia

Capítulo 4
Apropiación de las formas geométricas

Las formas en que las personas nos apropiamos de las figuras geométricas, de sus características y propiedades son variadas.

En 1947 el matrimonio holandés de Dina y Pierre Van Hiele desarrollaron como trabajo doctoral, en la Universidad de Utrecht, un estudio acerca del desarrollo del pensamiento geométrico que se conoce con el nombre de Modelo Van Hiele.

El conocimiento del modelo le permite, a usted docente, reflexionar en torno a que existen diferentes tipos de razonamiento geométrico. El comprender las formas de conocimiento geométrico que pueden desarrollar sus alumnos le permitirá acompañarlos en la evolución de las mismas.

El modelo constituye un medio para identificar el nivel de madurez geométrica de un estudiante. Consiste en:
- ✓ **Cinco niveles** de comprensión.
- ✓ **Generalizaciones** que lo caracterizan.
- ✓ **Cinco fases** sucesivas de aprendizaje.

Cada nivel se caracteriza por habilidades de razonamiento específicas, un alumno no podrá avanzar de uno a otro sin poseerlas. Las habilidades de cada nivel son insumos necesarios para la comprensión del otro.

Los van Hiele nos dicen que si un alumno llega a un nivel de razonamiento en un contenido geométrico esto *no asegura* que, frente a un nuevo conocimiento, se encuentre en el mismo nivel; es probable que deba recurrir a formas de razonamiento de los niveles anteriores.

También se debe tener presente que para conocer el nivel de pensamiento geométrico en que se encuentra un alumno se debe tener en cuenta tanto las estrategias como la terminología que usa, así como el significado que da a los vocablos que escucha.

Niveles

Son cinco a saber:

Nivel 0 (nivel básico): Visualización

En este nivel los alumnos se manejan sólo con información visual. Comparan y clasifican los objetos por su apariencia global, dicen frases del tipo: "se parece a...", "tiene forma de...", "es como..."...

En este estado inicial los estudiantes toman conciencia del **espacio como algo circundante a su alrededor**.

Reconocen las figuras, las diferencian por su forma global, por su aspecto físico y no por sus propiedades.

Un alumno de este nivel puede:
- ✓ Identificar formas (reconocer, por ejemplo: cuadrados, rectángulos, etc.)
- ✓ Reproducir formas.

Sin embargo **no reconoce** que esas figuras tienen ángulos, o que los lados opuestos son paralelos.

Nivel 1: Análisis

Los alumnos, en este nivel, comienzan a analizar los conceptos geométricos a través de la *observación* y de la *experimentación*. Son capaces de discernir las características de las figuras.

La forma se retrotrae y emergen las propiedades de las figuras, comienzan a establecer relaciones entre figuras, de forma intuitiva y experimental. Pueden:
- ✓ Reconocer que las figuras tienen elementos.
- ✓ Reconocer las figuras por sus elementos.
- ✓ Hacer generalizaciones.

Sin embargo **no pueden**:
- ✓ Explicar las relaciones entre propiedades.
- ✓ Ver las interrelaciones entre figuras.
- ✓ Comprender las definiciones.

Nivel 2: Deducción informal

Es un nivel en el que se relacionan y clasifican las figuras mediante razonamientos sencillos. Los alumnos pueden establecer interrelaciones entre propiedades tanto en:
- ✓ **El interior de una figura**, por ejemplo: en un cuadrilátero a lados opuestos paralelos e iguales le corresponden ángulos opuestos iguales.
- ✓ **Entre figuras**, por ejemplo: un cuadrado es un rectángulo porque tiene todas las propiedades de un rectángulo.

Además pueden:
- ✓ Inferir propiedades de una figura.
- ✓ Reconocer clases de figuras.
- ✓ Comprender la inclusión de clases.
- ✓ Las definiciones les resultan significativas.
- ✓ Son capaces de formular y atender argumentaciones.

Sin embargo **no pueden** comprender:
- ✓ El significado de la deducción como una totalidad.
- ✓ El papel de los axiomas.

En general usan resultados obtenidos empíricamente junto a técnicas deductivas.

Nivel 3: Deducción

Es un nivel de razonamiento deductivo, se entiende el sentido de los axiomas, las definiciones, los teoremas, pero aún no se realizan razonamientos abstractos, ni se entiende suficientemente el significado del rigor en las demostraciones.

Comprenden:
- ✓ El significado de la deducción como un modo de establecer una teoría geométrica dentro de un sistema axiomático.
- ✓ La interrelación y el papel de términos no definidos: axiomas, postulados, definiciones, teoremas y demostraciones.

Pueden:
- ✓ Desarrollar una demostración en distintas formas.
- ✓ Comprender la interacción de condiciones necesarias y suficientes.
- ✓ Diferenciar una proposición y su recíproca.

Nivel 4: Rigor

En este nivel los alumnos pueden trabajar con variedad de sistemas axiomáticos. La geometría es concebida en la mayor abstracción.

Propiedades del modelo

Estas propiedades, son generalizaciones que caracterizan al modelo. Son significativas porque proporcionan una guía para tomar decisiones acerca del proceso de enseñanza.

- ✓ *Es secuencial*
  Los estudiantes deben progresar de nivel a nivel.
- ✓ *Carácter del progreso*
  El avance o no de nivel a nivel depende de los contenidos y formas de enseñanza y no de la edad.
- ✓ *Relación entre lo intrínseco y extrínseco*
  Lo intrínseco de un nivel se convierte en objeto de estudio en el nivel siguiente. Por ejemplo: en el *nivel 0* sólo se percibe la forma de una figura, ella está determinada por sus propiedades, que recién en el *nivel 1* son analizadas.
- ✓ *Lenguaje*
  Una relación que es correcta en un nivel puede ser modificada en el próximo. Una figura puede tener más de un nombre, por ejemplo: un cuadrado es también un rectángulo y un paralelogramo. En el *nivel 1* no se da este tipo de inclusión, en cambio se da en el *nivel 2*.
- ✓ *Desajuste*
  Si el maestro, los materiales de enseñanza, el contenido, el vocabulario, etc., se presentan en un nivel superior al del estudiante, éste no podrá lograr el aprendizaje deseado.

Fases del aprendizaje

Este modelo considera que la forma de enseñanza, la organización de la clase, el contenido y los materiales son aspectos importantes en el proceso de razonamiento geométrico. Es por ello que propone *cinco fases sucesivas de aprendizaje* que promueven la adquisición de las habilidades necesarias para pasar de un nivel a otro.

✓ *Fase 1: indagación / información*
En ella se proponen actividades relacionadas con la observación y el docente formula preguntas que permitan indagar los conocimientos previos de los alumnos acerca del tema.

✓ *Fase 2: orientación dirigida*
Aquí se proponen actividades que les permitan a los alumnos explorar el/los temas a partir de los materiales que se le presentan y que han sido cuidadosamente seleccionados.

✓ *Fase 3: explicación*
Los alumnos, a partir de sus experiencias previas, intercambian opiniones acerca de lo observado. El docente los acompaña propiciando el uso de un lenguaje preciso y adecuado.

✓ *Fase 4: orientación libre*
Se plantean tareas con diferentes niveles de complejidad para que los alumnos realicen en grupos y resuelvan de distintas formas.

✓ *Fase 5: integración*
Aquí se intercambian opiniones, se discuten los temas, se revisan las estrategias usadas y se conceptualiza con el objeto de formarse una idea general de la nueva red de conocimientos.

El docente acompaña a los alumnos en este proceso realizando un panorama global de lo que se ha aprendido.

Es de esperar que al finalizar esta fase los alumnos hayan adquirido un nuevo nivel de pensamiento, quedando así en condiciones de repetir las fases de aprendizaje para lograr el próximo nivel.

En síntesis
Podemos decir que:
✓ El *nivel 4* no es alcanzado por la población estudiantil media, pues exige un nivel de cuantificación matemática muy elevado.

✓ El *nivel 3* corresponde a niveles escolares superiores.
✓ Los *niveles 2; 1 y 0* deben ser trabajados intencionalmente en la Escuela Primaria, dado que en ella el sentido fundamental de la geometría es tanto el desarrollo de la intuición espacial espontánea así como el desarrollo de las formas de razonamiento geométrico ligado al conocimiento de las propiedades fundamentales de las figuras y las relaciones básicas entre ellas.
✓ El paso de un nivel de pensamiento a otro no es automático, no está ligado a la edad, sino que depende de la correcta superación del nivel anterior. Por lo tanto es necesario atender al desarrollo de los primeros niveles si se pretende que se alcancen adecuadamente los niveles del pensamiento deductivo.
✓ En todos los niveles la forma en que el maestro pregunta es importante, dado que al preguntar a los niños "cómo saben" se los desafía a explicar los por qué.

EL DOCENTE DEBE

- **Identificar el nivel de pensamiento geométrico de sus alumnos, por medio de las explicaciones geométricas que ellos formulan.**
- **Dar consignas acordes al nivel evolutivo de los niños.**
- **Hacer preguntas apropiadas.**
- **Dar tiempo suficiente para que los alumnos puedan elaborar la respuesta.**
- **Discutir entre todos la calidad de las respuestas.**

Capítulo 5
Los triángulos

En este capítulo nos detendremos en el estudio de las figuras de tres lados y tres ángulos, los tri... ángulos o tri... láteros.

Analizaremos los conceptos relacionados con esta figura geométrica en concordancia con las formas de enseñar que se explicitaron en los capítulos anteriores. Tendremos en cuenta las habilidades geométricas que los niños deben desarrollar, el planteo de problemas significativos, la observación, manipulación, exploración, representación, como medios que permiten llegar al conocimiento geométrico.

Nos centraremos en la reflexión geométrica, en el análisis de las formas, de las propiedades, de las relaciones, con lo cual nos apartaremos de la aritmética, usándola sólo en aquellas situaciones en que sea imposible aislarla.

Usted docente, deberá seleccionar el contenido a trabajar y las actividades teniendo en cuenta tanto su intencionalidad docente como las posibilidades de su grupo de alumnos.

A medida que los niños conceptualizan diferentes conceptos pueden confeccionar afiches que les permitan recordarlos y reusarlos en los momentos en que sea necesario.

Se abordarán los siguientes contenidos:
- ✓ Propiedad triangular.
- ✓ Clasificación de triángulos.

✓ Ángulos interiores y exteriores de los triángulos.
✓ Elementos notables.
✓ Construcción de triángulos.

Propiedad fundamental

Los niños, desde pequeños reconocen figuras tales como: triángulo, cuadrado, círculo, dicen frases del tipo: "tiene tres lados derechitos", "tiene tres puntas, "no tiene lados", "tiene cuatro lados iguales".... Así, desde el principio, reconocen propiedades que permiten identificar y diferenciar al triángulo de otras figuras.

Este conocimiento incompleto los lleva a suponer que toda figura de tres lados es un triángulo, por lo tanto a partir del segundo ciclo es necesario problematizar esta certeza para que descubran que es falsa.

Para provocar en los niños la reflexión en torno a la falsedad de su creencia se les puede proponer trabajar con varillas.

Las varillas son rectángulos de cartón o cartulina o goma eva constituyen un interesante material cómodo, económico y de fácil manipulación, deben ser acompañadas por ganchos tipo mariposa para unirlas.

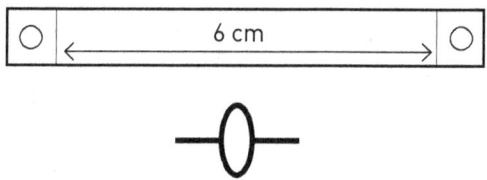

Supongamos que les proponemos a los alumnos, agrupados de a cuatro, la siguiente actividad.

Tomar los siguientes conjuntos de varillas:
- a) Una de 10 cm y dos de 8 cm
- b) Una de 6 cm, una de 8 cm y una de 10 cm
- c) Una de 4 cm, una de 6 cm y una de 10 cm
- d) Una de 2 cm, una de 6 cm y una de 10 cm

y con ellas realizar las siguientes actividades:
- a) Formar una poligonal cerrada con cada conjunto de varillas. ¿es posible hacerlo en todos los casos?
  Registra en cuales sí y en cuáles no.
- b) ¿Por qué algunos se pueden cerrar y otros no? Justificar la respuesta.

En el momento de la puesta en común es de esperar que expresen frases del siguiente tipo: "sólo se armaron triángulos con las varillas de 'a' y 'b'", "no pudimos armar cuatro triángulos, armamos sólo dos" "en algunos casos no se cerraba, no quedaba un triángulo"..., basadas en construcciones del siguiente tipo:

a)

b)

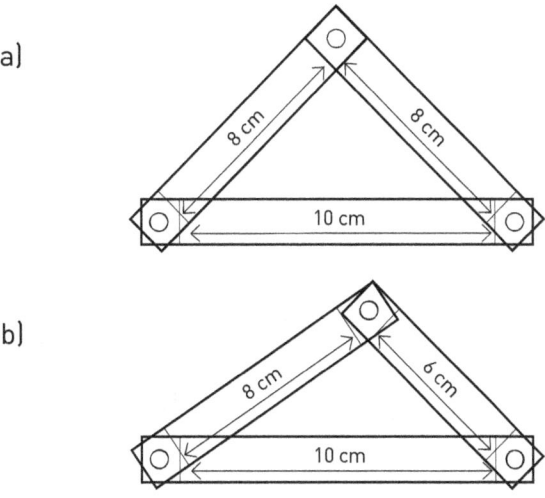

c)

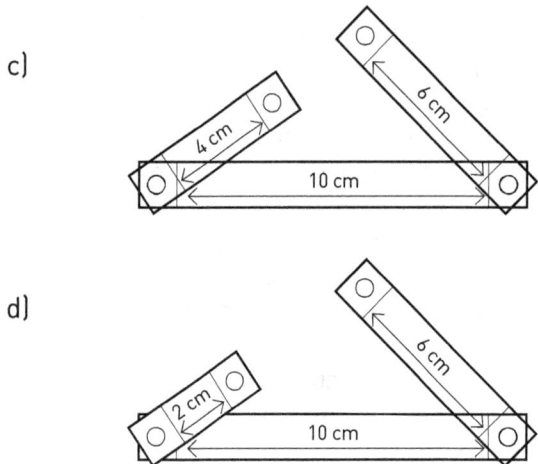

d)

De esta forma los alumnos comprenden que no siempre tres segmentos forman un triángulo.

Luego, con las figuras armadas, se les puede pedir que:

> ¿Qué pueden decir acerca de la suma y resta de dos lados en relación con el otro?

Es de esperar que los alumnos presenten cálculos como los siguientes:

a) 8 < 8 +10   8 < 18   8 > 10 - 8   8 > 2
    10 < 8 + 8   10 < 16   10 > 8 - 8   10 > 0

b) 6 < 8 + 10   6 < 18   6 > 10 - 8   6 > 2
    8 < 6 + 10   8 < 16   8 > 10 - 6   8 > 4
    10 < 6 + 8   10 < 14   10 > 8 - 6   10 > 2

c) 4 < 6 + 10   4 < 16   4 = 10 - 6   4 = 4
    6 < 4 + 10   6 < 14   6 = 10 - 4   6 = 6
    10 = 6 + 4   10 = 10   10 > 6 - 2   10 > 4

d) 2 < 6 + 10   2 < 16   2 < 10 - 6   2 < 4
    6 < 2 + 10   6 < 12   6 < 10 - 2   6 < 8
    10 > 6 + 2   10 > 8   10 > 6 - 2   10 > 4

De esta forma los alumnos pueden observar que:
- ✓ Con las varillas propuestas en "a" y en "b", fue posible armar los triángulos, un lado es siempre menor que la suma de los otros dos y mayor que la diferencia.
- ✓ Con las varillas propuestas en "c" y en "d", no fue posible armar los triángulos, tenemos que:
  - un lado es igual que la suma o diferencia de los otros dos.
  - un lado es mayor que la suma y la diferencia de los otros dos.

Estas comprobaciones les permiten, a los alumnos, comprender que para que tres segmentos formen un triángulo es necesario que se cumpla la siguiente relación:

> **En un triángulo la medida de cada lado es menor que la suma de los otros dos y mayor que su diferencia.**

Una vez que los alumnos comprendieron los alcances de la propiedad triangular se les puede pedir que:

> Piensen las medidas de tres segmentos que:
> - ✓ permitan armar un triángulo.
> - ✓ no permitan armar un triángulo.
>
> Pasen a los compañeros de la derecha las medidas propuestas para que el nuevo grupo:
> - ✓ Construya los triángulos con las varillas.
> - ✓ Aplique la propiedad triangular.

Clasificación de triángulos

Los niños, desde pequeños, como ya anticipamos, consideran que toda figura de tres lados es un "triángulo" sin importarles el valor de los lados y de los ángulos. A partir del segundo ciclo debemos iniciarlos en la clasificación de triángulos para que comprendan que, si bien las figuras de tres lados reciben el nombre de triángulos, todos no cumplen las mismas propiedades.

Clasificación por lados

Proponemos comenzar por la *clasificación por lados* para lo cual se les puede proponer que en grupos de no más de cuatro alumnos resuelvan la siguiente actividad.

> Usando varillas de 2 cm, 4 cm, 8 cm y 10 cm
> ¿Con cuáles se puede armar triángulos de:
> - ✓ tres lados iguales?
> - ✓ dos lados iguales?
> - ✓ tres lados desiguales?
>
> Justifica la respuesta.

Es de esperar que, algunas de las construcciones realizadas, sean como las siguientes:

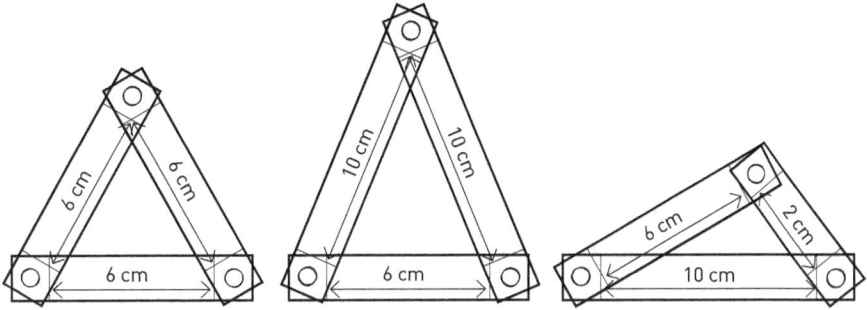

Así, a partir de la observación de lo realizado, entre todos, en el momento de puesta en común pueden realizar, en el pizarrón, un cuadro como el siguiente:

Tres lados iguales	Dos lados iguales	Tres lados desiguales
✓ 2 cm, 2 cm, 2 cm ✓ 4 cm, 4 cm, 4 cm ✓ 6 cm, 6 cm, 6 cm ✓ 8 cm, 8 cm, 8 cm ✓ 10 cm, 10 cm, 10 cm	✓ 6 cm, 6 cm, 8 cm ✓ 6 cm, 6 cm, 10 cm ✓ 8 cm, 8 cm, 10 cm ✓ 10 cm, 10 cm, 6 cm ✓ 10 cm, 10 cm, 8 cm	✓ 2 cm, 6 cm, 4 cm ✓ 10 cm, 6 cm, 2 cm ✓ 10 cm, 8 cm, 4 cm ✓ 8 cm, 6 cm. 4 cm ✓ 8 cm, 4 cm, 2 cm

A continuación se les puede preguntar si conocen el nombre de cada uno de los triángulos. Por lo general la respuesta es negativa, de ahí que será el docente quien complete el cuadro con el nombre de cada triángulo.

Después que el docente les dé los nombres, los alumnos pueden establecer las propiedades de cada tipo de triángulo, concluyendo que:

Triángulo	Característica
equilátero	tiene tres lados iguales
isósceles	tiene al menos dos lados iguales
escaleno	tiene tres lados desiguales

Una vez que los alumnos comprendieron la clasificación por lados se les puede pedir que en grupos respondan el siguiente interrogante:

> ¿Un triángulo equilátero es isósceles?
> Justificar la respuesta.

Se intercambian las opiniones de los diferentes grupos y se concluye en que:

> Los *triángulos equiláteros* son también *isósceles*

Los triángulos isósceles tienen por lo menos dos lados iguales y los equiláteros tienen tres lados iguales.

A continuación es pertinente preguntar.

> ¿Y los triángulos isósceles pueden ser equiláteros?
> Justificar la respuesta.

Es de esperar que los niños, después de intercambiar opiniones, establezcan que:

> Los *triángulos isósceles* no son *equiláteros*

Dado que los triángulos isósceles tienen solo dos lados iguales y para ser un triángulo equilátero es necesario tener tres lados iguales.

Con las actividades propuestas, los alumnos, pueden comprender que:

> *Los triángulos equiláteros están incluidos en el conjunto de los triángulos isósceles.*

Clasificación por ángulos

Para que los alumnos puedan comprender los diferentes tipos de ángulos que puede tener un triángulo, es necesario que el docente recupere los saberes relacionados con ángulos que posee su grupo escolar.

Con el objetivo de explorar "qué saben" se les puede proponer, a los niños, que en grupos de no más de cuatro alumnos, realicen la siguiente actividad.

> Formar con las varillas un ángulo *recto*, otro *agudo*, otro *obtuso* y otro *llano*. Explicar las características de cada uno de ellos.

Los alumnos realizarán producciones como las siguientes:

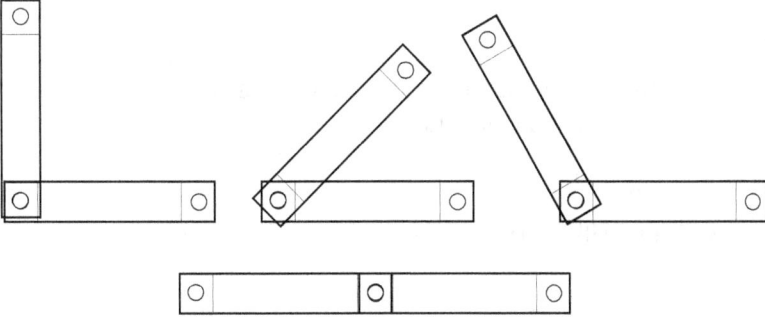

En el momento de puesta en común es importante que el docente acompañe a los alumnos a comprender el barrido de los ángulos, para lo cual les puede proponer superponer las dos varillas y pasar desde 0° hasta 180°

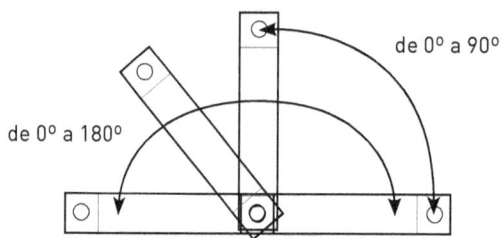

De esta forma, es de esperar que realicen, entre todos, el siguiente cuadro.

Ángulo	Descripción
Recto	Es un ángulo de 90°
Agudo	Es un ángulo que mide hasta 89°, es decir menos de 90°
Obtuso	Es un ángulo que mide entre 91° y 179°, es decir más de 90° y menos que 180°
Llano	Es un ángulo de 180°

Con base en estos saberes se les puede proponer la siguiente actividad.

> Completen los ángulos formados con otra varilla que les permita construir un triángulo.
>
> Respondan:
> ¿Qué ángulos quedaron formados en cada triángulo?

Los alumnos realizarán construcciones como las siguientes:

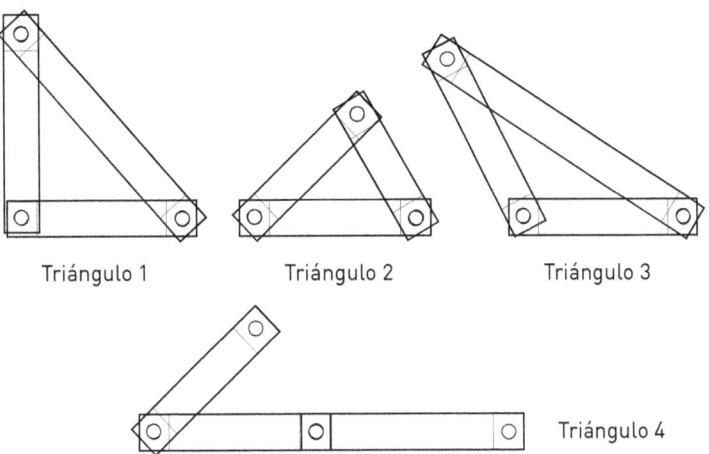

Triángulo 1   Triángulo 2   Triángulo 3

Triángulo 4

Con base en las construcciones realizadas se puede armar un cuadro como el siguiente:

Triángulo	Ángulo 1	Ángulo 2	Ángulo 3
1	recto	agudo	agudo
2	agudo	agudo	agudo
3	obtuso	agudo	agudo
4	llano	agudo	---------

A continuación se les puede proponer:

> Con las varillas construir un triángulo con:
> a) Dos ángulos rectos.   c) Dos ángulos obtusos.
> b) Tres ángulos agudos.   d) Un ángulo recto.
>   e) Un ángulo obtuso.
>
> En todos los casos indicar si fue o no posible realizar la construcción. ¿A qué conclusión podés llegar? Escribila.

Es de esperar que realicen construcciones del tipo:

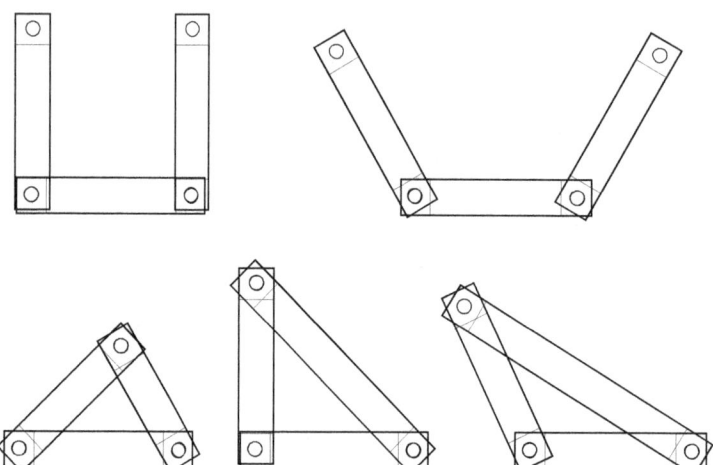

Ante las cuales seguramente concluirán en que:

> Es posible construir un triángulo con un ángulo recto, uno obtuso y tres ángulos agudos.

Luego se les puede preguntar:

> ¿Qué nombre recibe cada uno de los triángulos que pudieron construir?

Por lo general los alumnos no conocen los nombres, por lo tanto es el docente quién los presenta y en forma conjunta determinan las características de cada tipo de triángulo, produciendo un cuadro del siguiente tipo:

Triángulo	Característica
Rectángulo	un ángulo recto
acutángulo	tres ángulos agudos
obtusángulo	un ángulo obtuso

Clasificación por lados y por ángulos

Una vez que los alumnos comprendieron ambos tipos de clasificación es necesario relacionar una y otra con el objetivo que las características de los lados y ángulos se consideren en forma conjunta al observar un triángulo.

Para ello se puede proponer que, en grupos de no más de cuatro integrantes, realicen una actividad como la siguiente:

Con las varillas construir un triángulo con:

a) Un ángulo recto y
  ✓ dos lados iguales.
  ✓ tres lados iguales.
  ✓ tres lados desiguales.
b) Tres ángulos agudos y
  ✓ dos lados iguales.
  ✓ tres lados iguales.
  ✓ tres lados desiguales.
c) Un ángulo obtuso y
  ✓ dos lados iguales.
  ✓ tres lados iguales.
  ✓ tres lados desiguales

En cada caso indicar si fue o no posible construir el triángulo. ¿A qué conclusión podes llegar? Escribila.

Los alumnos presentarán construcciones del siguiente tipo:

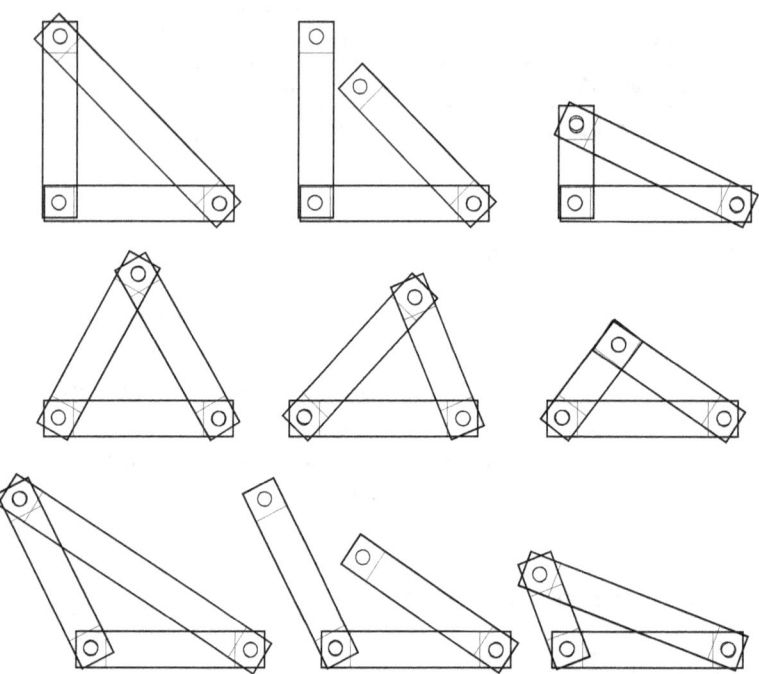

En base a lo construido, entre todos, pueden proponer la realización de un cuadro como el siguiente:

Ángulos	Lados	Se forma un triángulo
un ángulo recto	dos lados iguales	SÍ
un ángulo recto	tres lados iguales	NO
un ángulo recto	tres lados desiguales	SÍ
tres ángulos agudos	dos lados iguales	SÍ
tres ángulos agudos	tres lados iguales	SÍ
tres ángulos agudos	tres lados desiguales	SÍ
un ángulos obtuso	dos lados iguales	SÍ
un ángulo obtuso	tres lados iguales	NO
un ángulo obtuso	tres lados desiguales	SÍ

Se puede continuar la reflexión con la siguiente propuesta:

> Agregar una cuarta columna con el nombre que recibe cada triángulo teniendo en cuenta sus lados y ángulos.

Después de momentos de intercambio y discusión pueden concluir en un cuadro como el siguiente:

Ángulos	Lados	Se forma un triángulo	Nombre
un ángulo recto	dos lados iguales	SÍ	rectángulo isósceles
un ángulo recto	tres lados iguales	NO	Un triángulo rectángulo no puede ser equilátero.
un ángulo recto	tres lados desiguales	SÍ	rectángulo escaleno
tres ángulos agudos	dos lados iguales	SÍ	acutángulo isósceles
tres ángulos agudos	tres lados iguales	SÍ	acutángulo equilátero
tres ángulos agudos	tres lados desiguales	SÍ	acutángulo escaleno
un ángulos obtuso	dos lados iguales	SÍ	obtusángulo isósceles
un ángulo obtuso	tres lados iguales	NO	Un triángulo obtusángulo no puede ser equilátero.
un ángulo obtuso	tres lados desiguales	SÍ	obtusángulo escaleno

Una vez que los alumnos comprendieron la relación entre lados y ángulos se les puede plantear:

Armen los siguientes triángulos:
a) rectángulo isósceles.
b) rectángulo escaleno.
c) acutángulo isósceles
d) acutángulo escaleno
e) acutángulo equilátero
f) obtusángulo isósceles
g) obtusángulo escaleno.

Identifiquen cada vértice con una letra y marquen los lados y los ángulos iguales.

Algunas de las producciones de los niños serán como las siguientes:

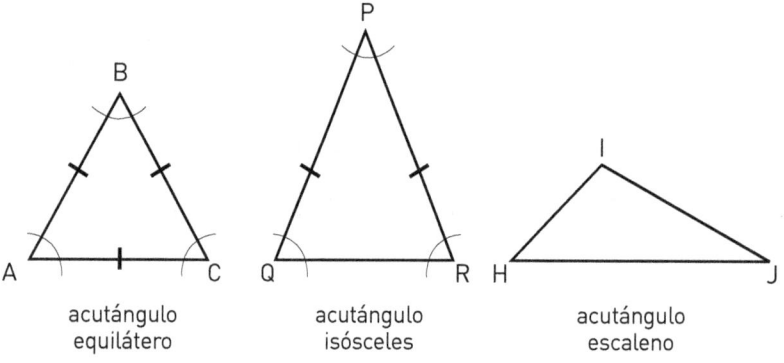

Triángulo	lados iguales	ángulos iguales
acutángulo equilátero	$\overline{AB}, \overline{BC}, \overline{CA}$	$\hat{A}, \hat{B}, \hat{C}$
acutángulo isósceles	$\overline{RP}, \overline{PQ}$	$\hat{R}, \hat{Q}$
acutángulo escaleno	No tiene	No tiene

De esta forma los alumnos comprenderán que:

> ***A ángulos iguales se oponen lados iguales y viceversa.***

Ángulos interiores y exteriores del triángulo.

Ángulos interiores del triángulo.

Es importante que sean los alumnos quienes descubran la propiedad, para ello se les puede plantear que, en grupos de cuatro, resuelvan la siguiente actividad:

> Construyan cuatro triángulos de diferente tipo:
> ✓ indiquen el nombre de los triángulos que armaron.
> ✓ busquen procedimientos que les permitan calcular cuánto mide la suma de los ángulos interiores de cada triángulo. Registren lo realizado.

Los niños después de construir triángulos diferentes, por ejemplo:

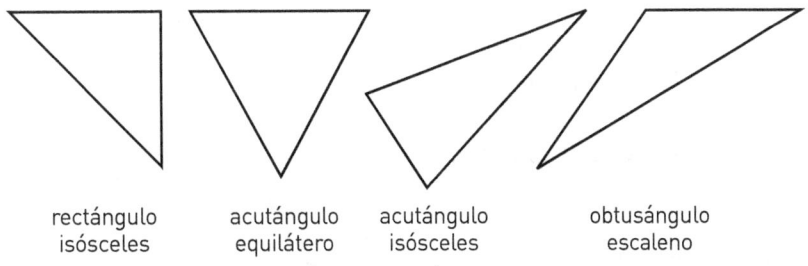

rectángulo isósceles   acutángulo equilátero   acutángulo isósceles   obtusángulo escaleno

Para responder a lo solicitado, pueden usar procedimientos tales como:
- ✓ Calcar cada ángulo y luego colocarlos uno al lado del otro llegando aproximadamente a 180°
- ✓ Cortar cada ángulo, colocarlos uno al lado del otro y llegar aproximadamente a 180°.
- ✓ Medir con transportador cada ángulo, sumar el valor obtenido y llegar aproximadamente a 180°.
- ✓ ....

Es de suponer que, entre los distintos grupos, construyeron una variedad amplia de triángulos y si bien los procedimientos pudieron ser variados todos arribaron a la misma conclusión, a partir de lo cual se enuncia la propiedad como:

> *La suma de los ángulos internos de todos los triángulos es igual a 180°*

A continuación se les puede plantear la siguiente actividad:

> Es posible construir un triángulo con:
> a) Dos ángulos rectos.
> b) Tres ángulos agudos.
> c) Dos ángulos obtusos.
> d) Un ángulo recto.
> e) Un ángulo obtuso.
>
> Justifique su respuesta.

Es de esperar que los niños concluyan en que:
- ✓ Se pueden formar triángulos con un ángulo recto, o un ángulo obtuso o tres ángulos agudos.

✓ No se pueden armar triángulos con dos ángulos rectos o dos ángulos obtusos porque en esos casos los tres ángulos sumarían más de 180°.

Ángulos exteriores del triángulo

La relación entre los ángulos interiores de un triángulo y el ángulo exterior, puede trabajarse proponiendo que –en grupos de no más de cuatro alumnos– realicen la siguiente actividad.

> Construyan cuatro triángulos de diferente tipo:
> ✓ indiquen el nombre de los triángulos que armaron.
> ✓ marquen los ángulos exteriores y establezcan qué relación hay entre el ángulo interior y su correspondiente ángulo exterior.

Algunas de las construcciones que los alumnos pueden realizar son las siguientes:

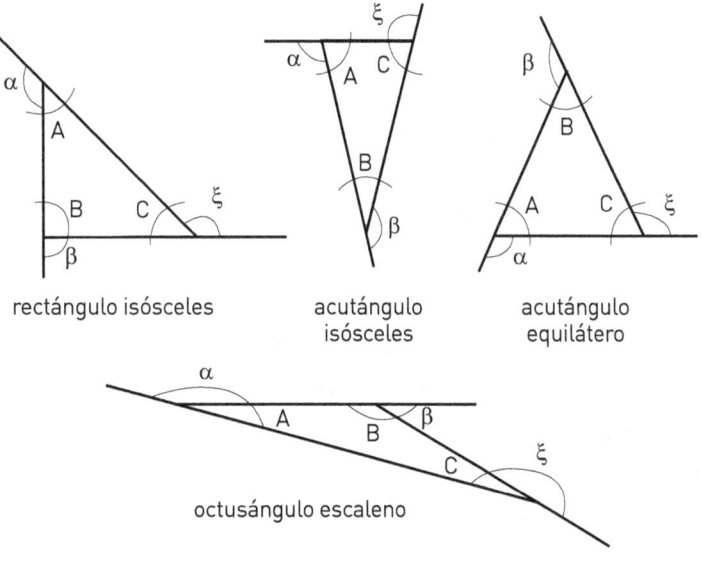

rectángulo isósceles   acutángulo isósceles   acutángulo equilátero

octusángulo escaleno

Mediante la observación, los alumnos reconocen que:

> **El ángulo interior con su correspondiente ángulo exterior son adyacentes, es decir que son consecutivos y sumados miden 180º.**

Luego se les puede proponer:

> Busquen una forma de relacionar la medida de los ángulos interiores no adyacentes con el ángulo exterior. Registren lo realizado

Los alumnos realizarán procedimientos similares a los detallados para los ángulos interiores y pensarán que, por ejemplo:

I. En un triángulo *acutángulo equilátero* tenemos que:

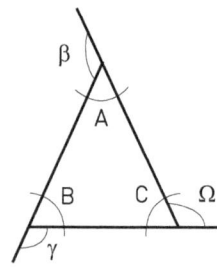

Todos los ángulos miden igual.
Por lo tanto 180º:3 = 60º, cada uno mide 60º.
Así:

$\hat{C}$ =60º, entonces $\hat{\Omega}$ = 120º, porque 180º-60º = 120º
$\hat{B}$ = 60º y $\hat{A}$ = 60º
60º+60º = 120º, el valor del $\hat{\Omega}$ exterior no adyacente.

II. En un triángulo *rectángulo isósceles* tenemos que:

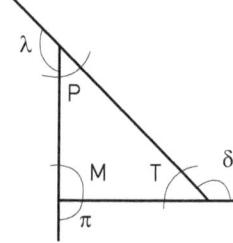

$\hat{M}$ = 90º, $\hat{P}$ = 45º, $\hat{T}$ = 45º
$\hat{\pi}$ = 90º, porque $\hat{\pi}$ + $\hat{M}$ = 180º
$\hat{P}$ + $\hat{T}$ = 90º lo mismo que $\hat{\pi}$ que es el ángulo exterior no adyacente.

De esta forma entre todos pueden concluir en que:

> **En todo triángulo, cada ángulo exterior es igual a la suma de los ángulos interiores no adyacentes a él.**

Elementos notables del triángulo

Los elementos notables son: altura, mediana, mediatriz, bisectriz. Es importante que los alumnos puedan comprender lo que son y cómo se trazan.

- ✓ *Altura*
  Es el segmento perpendicular comprendido entre un vértice y el lado opuesto

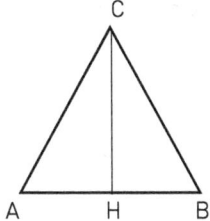

$\overline{CH} \perp \overline{AB}$

$\overline{CH}$ altura correspondiente al lado $\overline{AB}$

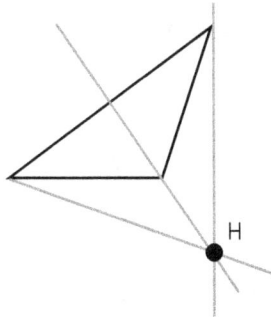

H se denomina *Ortocentro* por ser el punto de corte de las tres alturas del triángulo.

✓ *Mediana*
Es el segmento determinado por un vértice y el punto medio del lado opuesto.

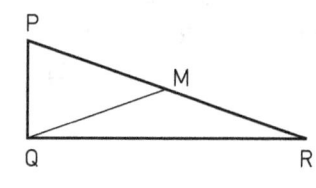

M es el punto medio del $\overline{PR}$

$\overline{QM}$ mediana correspondiente al lado $\overline{PR}$

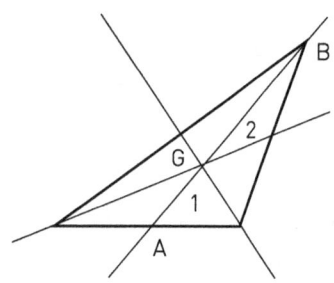

G es el *baricentro*, es el punto de corte de las tres medianas.

Una vez que los alumnos trazaron las tres medianas del triángulo se les puede pedir:

> ¿Existe algún tipo de relación entre los segmentos $\overline{BG}$ y $\overline{GA}$? ¿Cuál?

Seguro que los niños después de medir podrán establecer que:

$$\overline{BG} = 2\,\overline{GA}$$

$$\overline{GA} = \frac{1}{2}\,\overline{BG}$$

Entre todos podrán descubrir que

> **El baricentro divide a cada mediana en dos segmentos, el segmento que une el baricentro con el vértice mide el doble que el segmento que une el baricentro con el punto medio del lado opuesto.**

✓ *Mediatriz*
Es cada una de las rectas perpendiculares a un lado trazada por el punto medio de dicho lado.

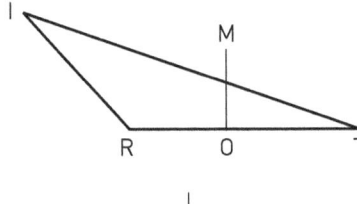

O es el punto medio del $\overline{RT}$

$\overline{OM} \perp$ al $\overline{RT}$

$\overline{MO}$ mediatriz correspondiente al $\overline{RT}$

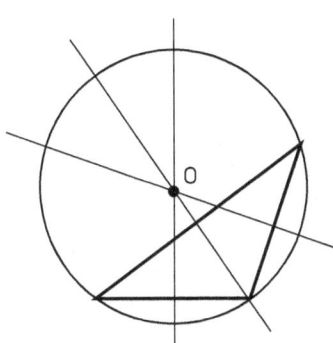

El punto de corte de las tres mediatrices, se denomina *circuncentro*.

El circuncentro es el centro de la circunferencia circunscrita al triángulo.

✓ *Bisectriz*
La bisectriz divide al ángulo en dos ángulos iguales. Es el segmento comprendido entre el vértice y el lado opuesto.

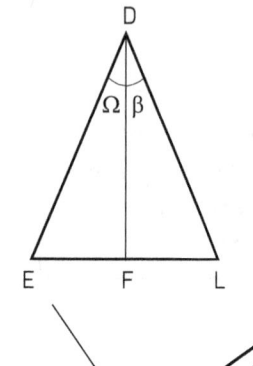

$\overline{DF}$ es la bisectriz del $\hat{D}$

$\hat{\Omega} = \hat{\beta}$

$\hat{\Omega} + \hat{\beta} = \hat{D}$

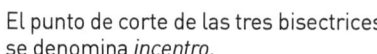

El punto de corte de las tres bisectrices se denomina *incentro*.

El incentro es el centro de la circunferencia inscrita en el triángulo.

✓ *Recta de Euler*

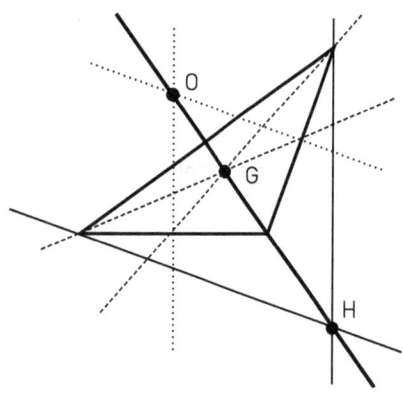

El punto H es el *ortocentro* (centro de las alturas), el punto G es el *baricentro* (centro de las medianas) y el punto O es el *circuncentro* (centro de la mediatriz) están alineados, pertenecen a una misma recta que se denomina *recta de Euler*.

Esta relación se da en todos los triángulos excepto el triángulo equilátero.

Construcción de triángulos

Es importante que los alumnos desarrollen destrezas relacionadas con el uso de los útiles de geometría: compás, regla, escuadra y transportador. Proponer actividades que impliquen la construcción de triángulos dados ciertos datos contribuye a ello.
Situaciones como las siguientes.

> I. Construir un triángulo con los siguientes datos y analizar en cada caso si hay más de una solución.
>
> a) Un triángulo equilátero cuyos lados midan 6 cm
> b) Un triángulo isósceles con dos lados de 6 cm
> c) Un triángulo escaleno con un lado de 6 cm y otro de 8 cm que formen un ángulo recto.
> d) Un triángulo escaleno con un lado de 6 cm y otro de 8 cm que formen un ángulo agudo.

Es de esperar que después de realizar en parejas las construcciones solicitadas, los alumnos puedan arribar a conclusiones del siguiente tipo:
- ✓ En el caso de las situaciones "a" y "c" hay una sola solución porque en el primer caso, al tener los tres lados iguales, los tres ángulos también lo son y cada uno debe medir 60º. En la situación "c" al tratarse de un ángulo recto hay una sola solución pues limita el valor de los otros dos ángulos.
- ✓ En el caso de las situaciones "b" y "d" hay más de una solución porque en el primer caso es posible variar el ángulo que forman los lados de 6 cm. En el caso de la situación "d" al tener que formar un ángulo agudo son diferentes las amplitudes que cumplen con la condición dada.

> II. Construir un triángulo con los siguientes datos y analizar en cada caso si hay más de una solución.
>
> a) Un triángulo cuyos lados midan 7 cm, 8 cm y 3 cm
> b) Un triángulo cuyos ángulos interiores midan 70°, 80° y 30°
> c) Un triángulo con un lado de 5 cm y los ángulos que se formen sobre él sean de 60° y 80°.
> d) Un triángulo con un lado de 5 cm y otro de 7 cm y que el ángulo que formen sea de 60°.
> e) Un triángulo isósceles con un lado de 5 cm y otro de 8 cm
> f) Un triángulo isósceles con un lado de 4 cm y otro de 8 cm

Una vez que los alumnos, en parejas, realizaron las construcciones solicitadas se puede concluir diciendo que:

- ✓ En la situación "a" hay una sola solución. En cambio en la situación "b" se encuentra más de una solución. Esto permite comprender que dar las medidas de los lados no es lo mismo que dar las medidas de los ángulos, las primeras restringen las posibilidades.

- ✓ En el caso de las situaciones "c" y "d" hay una sola solución.

- ✓ Las situaciones "e" y "f" presentan observaciones muy distintas. En la primera hay dos opciones: un triángulo con dos lados de 8 cm, otro de 5 cm y otro con dos lados de 5 cm y otro de 8 cm. En cambio la situación "f" admite una sola solución: un lado de 4 cm y los otros dos de 8 cm, porque si hacemos dos lados de 4 cm y otro de 8 cm no es posible armar el triángulo, porque no se cumple la propiedad triangular.

La reflexión y análisis de los conceptos trabajados se debe acompañar de variadas situaciones que problematicen estas construcciones.

Algunas posibles actividades para realizar con el grupo escolar son las que se detallan a continuación.

Situación 1

LA FIGURA

Nombra los triángulos que observas e indica en cada caso qué tipo de triángulo es.

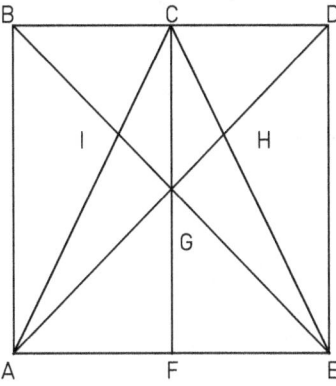

Situación 2

Clasificar los triángulos de la figura (a) y ubicarlos en la casilla del cuadro que corresponda.

	Acutángulos	Rectángulos	Obtusángulos
Isósceles			
Escalenos			

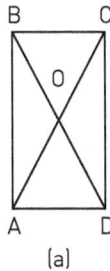 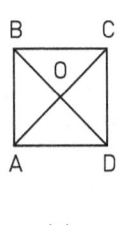

¿Qué modificación experimenta esta clasificación si la figura es un cuadrado (b)?

(a) (b)

Situación 3

Responder Verdadero (**V**) o Falso (**F**). Justificar las respuestas falsas.
a) Un triángulo es rectángulo cuando tiene un ángulo recto, otro agudo y otro obtuso.
b) Un triángulo es escaleno cuando sus tres lados son iguales.
c) Algunos triángulos rectángulos son isósceles
d) Un triángulo es isósceles cuando tiene al menos dos lados iguales.
e) El triángulo equilátero es el que tiene sólo dos lados iguales.
f) Existen triángulos rectángulos equiláteros.
g) En un triángulo escaleno los tres lados son iguales.
h) En un triángulo isósceles hay dos lados iguales y uno desigual.
i) Los tres ángulos del triángulo equilátero son iguales.
j) Todos los triángulos equiláteros son isósceles

Situación 4

Escribir las siguientes proposiciones:
a) Una proposición *falsa* relacionada con *triángulos acutángulos*.
b) Una proposición *verdadera* relacionada con *triángulos isósceles*.
c) Una proposición *falsa* relacionada con *triángulos obtusángulos*.
d) Una proposición *verdadera* relacionada con *triángulos rectángulos*.
e) Una proposición *falsa* relacionada con *triángulos equiláteros*.
f) Una proposición *verdadera* relacionada con *triángulos escalenos*.
g) Una proposición *falsa* relacionada con *la suma de los ángulos interiores de un triángulo*.

Situación 5

Formar oraciones verdaderas combinando las siguientes expresiones:

Los triángulos acutángulos escalenos	son los únicos	tres lados iguales.
Los triángulos equiláteros	no pueden	y dos lados iguales.
Los triángulos rectángulos	son los que tienen	ser equiláteros.
Los triángulos obtusángulos	tienen tres ángulos agudos.	y también equilátero.
Un triángulo rectángulo	no pueden	que poseen un ángulo recto.
Los triángulos rectángulos	tienen un ángulo obtuso	isósceles o escaleno.
Un triángulo acutángulo	puede ser isósceles, escaleno	ser equiláteros.
Los triángulos obtusángulos isósceles	puede ser	y tres lados desiguales.

Situación 6

a) ¿Cuál es el número mayor de ángulos rectos que puede tener un triángulo? ¿Por qué?
b) Si un triángulo tiene un ángulo recto u obtuso ¿A qué clase pertenecen los otros dos?
c) Un triángulo equilátero ¿Puede ser rectángulo? ¿Por qué?
d) Un triángulo equilátero ¿Puede ser isósceles? ¿Por qué?
e) ¿Cuál es el número mayor de ángulos obtusos que puede tener un triángulo? ¿Por qué?
f) Un triángulo rectángulo ¿Puede ser isósceles? ¿Por qué?
g) ¿Cuál es el número mayor de ángulos agudos que puede tener un triángulo? ¿Por qué?

Situación 7

Indicar si los siguientes ángulos determinan un triángulo. Justificar las respuestas *falsas* e indicar en las respuestas *verdaderas* que tipo de triángulo es.

	$\hat{\alpha}$	$\hat{\beta}$	$\hat{\delta}$
A	90°	45° 30'	45°
B	74° 36' 31"	74° 36' 31"	30° 46' 58"
C	121°	15° 33'	47° 27'
D	33° 28' 43"	68° 45' 39"	77° 45' 38"
E	103° 24' 30"	38° 17' 45"	38° 17' 45"
F	65° 51' 48"	24° 8' 12"	90°
G	63° 28' 43"	63° 28' 43"	63° 28' 43"
H	90°	90°	45°

Situación 8

a) Si el triángulo es rectángulo isósceles ¿Cuánto miden cada uno de sus ángulos? ¿Por qué?

b) Si el triángulo es acutángulo equilátero ¿Cuánto miden cada uno de sus ángulos? ¿Por qué?

c) Si el triángulo es obtusángulo isósceles y uno de sus ángulos mide 120°. ¿Cuánto miden los otros dos ángulos?

d) Si el triángulo es rectángulo escaleno y uno de sus ángulos agudo mide 35° 45' 55". ¿Cuánto miden cada uno de los otros ángulos? ¿Por qué?

e) Si el triángulo es acutángulo escaleno la suma de dos de sus ángulos mide 103° 34' 54". ¿Cuánto mide el otro ángulo? ¿Por qué?

f) Si el triángulo es obtusángulo escaleno uno de sus ángulos mide 129° 19' 34". ¿Cuánto mide la suma de los otros dos ángulos?

Situación 9

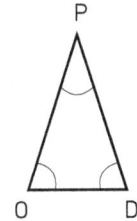

$\overset{\triangle}{POD}$ es isósceles acutángulo.

El ángulo $\hat{P}$ mide $\frac{1}{2}$ del ángulo $\hat{O}$

Calcular el valor de los ángulos $\hat{O}$, $\hat{D}$ y $\hat{P}$

Situación 10

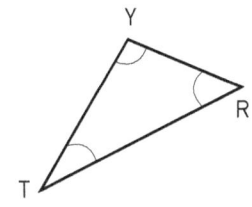

$\overset{\triangle}{YTR}$ es rectángulo escaleno.

El $\hat{T} = \hat{Y} - 34° \, 12''$

Calcular el valor de los ángulos $\hat{Y}$, $\hat{T}$ y $\hat{R}$.

Situación 11

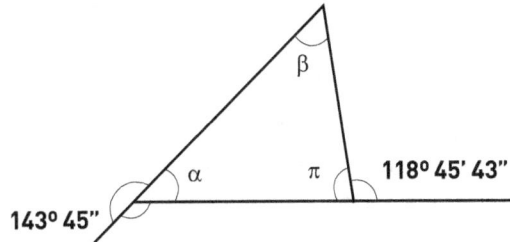

Calcular el valor de los ángulos $\hat{\alpha}$, $\hat{\pi}$ y $\hat{\beta}$.

¿Qué tipo de triángulo es?

Situación 12

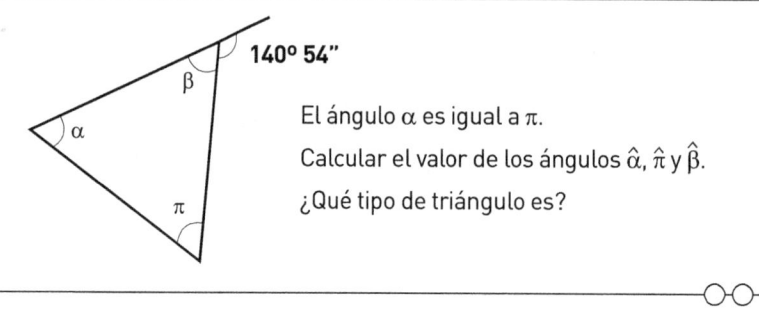

El ángulo α es igual a π.

Calcular el valor de los ángulos $\hat{\alpha}$, $\hat{\pi}$ y $\hat{\beta}$.

¿Qué tipo de triángulo es?

Situación 13

Observa la siguiente figura:

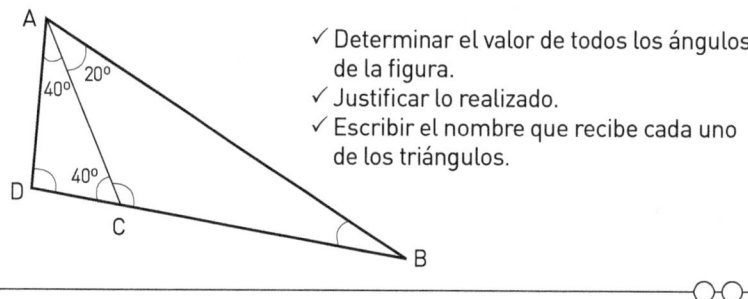

- ✓ Determinar el valor de todos los ángulos de la figura.
- ✓ Justificar lo realizado.
- ✓ Escribir el nombre que recibe cada uno de los triángulos.

Situación 14

En este triángulo rectángulo dos de las alturas coinciden con los lados que forman el ángulo recto. ¿Esto sucede en todos los triángulos rectángulos? ¿Por qué?

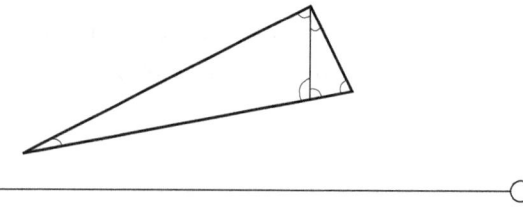

Situación 15

Dibuja un triángulo isósceles, otro equilátero y otro escaleno. Traza en cada uno las tres alturas. Observa que pasa con el lado opuesto a la altura en cada uno de los triángulos. ¿A qué conclusión podés llegar?

Situación 16

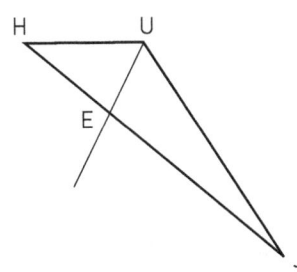

$\overset{\triangle}{HUJ}$ es obtusángulo escaleno.

$\overline{EU}$ es la bisectriz del ángulo $\hat{U}$.

Cada uno de los ángulos determinados por la bisectriz mide 65° 45".

El ángulo $\hat{J}$ es igual a $\hat{U}$ - 110°.

Calcular el valor de los ángulos $\hat{J}$, $\hat{U}$ y $\hat{H}$.

Situación 17

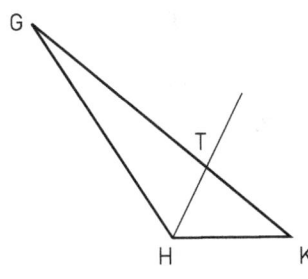

$\overset{\triangle}{GHK}$ es obtusángulo escaleno.

El ángulo $\hat{H}$ mide 130°.

$\overline{HT}$ es la bisectriz del ángulo $\hat{H}$.

El ángulo $\hat{G}$ es igual a $\hat{K}$ + 15°.

Calcular el valor de cada uno de los ángulos determinados por la bisectriz y de los ángulos $\hat{G}$ y $\hat{K}$.

Situación 18

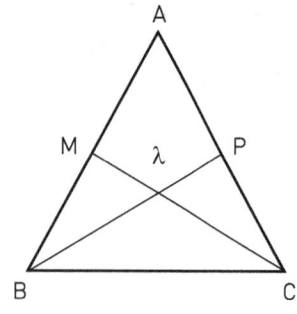

$\overline{CM}$ bisectriz de $\hat{C}$.
$\overline{BP}$ bisectriz de $\hat{B}$.
$\hat{B} = 40°$
$\hat{C} = 60°$

Calcular $\hat{A}$ y $\hat{\lambda}$.

Situación 19

¡A los triángulos!

Objetivo del juego: Ser el primero en armar un triángulo.

Materiales:
✓ Tarjetas como las siguientes:
  - 18 tarjetas con medidas de lados: 4 cm, 5 cm, 6 cm, 8 cm, 2 cm, 9 cm (3 de cada medida)
  - 18 tarjetas con medidas de ángulos: 120°, 60°, 80°, 20°, 40°, 100° (3 de cada medida)
  - 6 tarjetas con los nombres: rectángulo, acutángulo, obtusángulo, escaleno, equilátero, isósceles (una con cada nombre)

Desarrollo
✓ Se juega de a 2 o 4 jugadores
✓ Se mezclan las 42 cartas y se reparten cuatro cartas a cada jugador.

✓ El primer jugador saca una carta del pozo y se descarta, el resto puede optar por sacar una carta del pozo o levantar la que tiró el compañero.
✓ Un jugador arma un triángulo cuando el valor de sus lados o de sus ángulos coincide con el nombre.
✓ Gana el primero que arma un triángulo.

Por ejemplo:

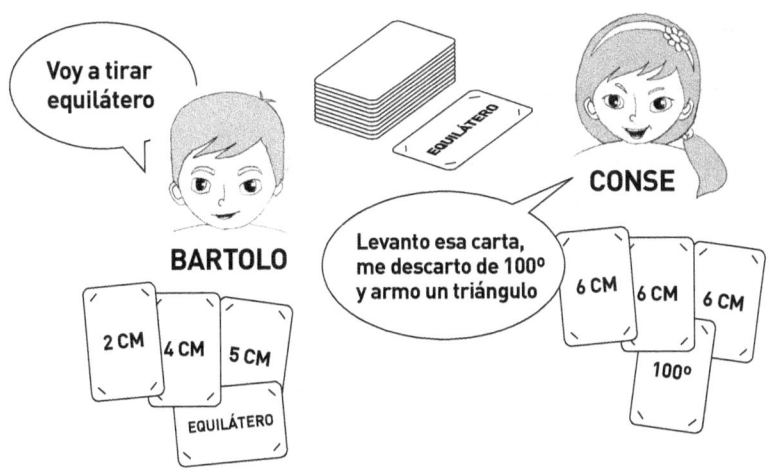

¿Es correcto lo realizado por Conse? ¿Por qué?

En síntesis

Las actividades propuestas se encuadran dentro del enfoque de la resolución de problemas pues las consignas implican problemas que indican qué hacer pero no cómo hacerlo. El cómo lo deben determinar los niños, son las diferentes formas en que alcanzan la solución.

De esta forma los alumnos, a partir de las respuestas que producen, comprenden, relacionan, diferencian..., los alcances de los distintos conceptos geométricos que se trabajan.

Además se han trabajado en forma simultánea:
- ✓ Las habilidades visuales, de dibujo y construcción, de comunicación, de pensamiento y de aplicación o transferencia.
- ✓ Los niveles 0, 1 y 2 del Modelo van Hiele: visualización y análisis.

FIGURAS DE TRES LADOS Y TRES ÁNGULOS

→ **Propiedad triangular.**
→ **Clasificación de triángulos**
→ **Ángulos interiores y exteriores de los triángulos.**
→ **Elementos notables.**
→ **Construcción de triángulos.**

Capítulo 6
Los cuadriláteros

En este capítulo, continuando con el estudio de las figuras, nos abocaremos al análisis de los cuatri... ángulos o cuatri... láteros –los cuadriláteros–.

Reflexionaremos en torno a esta figura teniendo en cuenta los conceptos referidos a las formas de enseñar que se explicitaron en los capítulos anteriores. Nos detendremos tanto en las habilidades geométricas que los niños deben desarrollar, como en el planteo de problemas significativos considerando a la observación, la manipulación, la representación, como los medios que permiten llegar a construir conocimientos geométrico.

Tomaremos como punto de partida de nuestra reflexión el análisis de las formas, de las propiedades, de las relaciones; apartándonos –de esta forma– de la aritmética para usarla sólo en aquellas situaciones en que es imprescindible.

Es de esperar que usted docente, seleccione el contenido y las actividades en función de su intencionalidad pedagógica y a las posibilidades de su grupo de alumnos.

Se abordarán los siguientes contenidos:
✓ Clasificación de cuadriláteros.
✓ Ángulos interiores y exteriores de los cuadriláteros.
✓ Construcción de cuadriláteros.

Clasificación de cuadriláteros

Usted coincidirá con nosotros en que los niños, desde el Nivel Inicial, reconocen formas geométricas, identifican, en un primer momento, el cuadrado, el triángulo y el círculo, luego diferencian al cuadrado y al rectángulo diciendo de este último que tiene *"dos lados largos y dos cortos"* y a su vez que *"los dos tienen cuatro lados derechitos"*, *"cuatro puntas"*...

A partir de lo expresado proponemos iniciar el estudio de los cuadriláteros con una actividad como la siguiente:

> Usando varillas de igual y/o diferente longitud armen figuras de cuatro lados.

Las figuras que los niños armen dependerán del año en que se proponga la actividad pero, en todos los casos, permite al docente conocer los saberes iniciales del grupo escolar.

Supongamos que el grupo escolar arma las siguientes figuras:

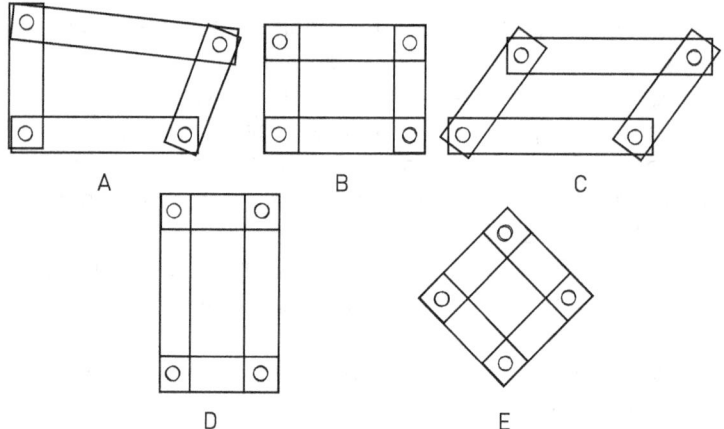

A partir de las figuras armadas se puede pedir que respondan, en pequeños grupos, el siguiente cuadro:

Pregunta	Respuesta
a. ¿Podemos decir que todas las figuras son cuadriláteros? ¿Por qué?	Sí, porque todas tienen cuatro lados.
b. Nombra las figuras que tienen: • un par de lados paralelos • los lados opuestos paralelos • los cuatro lados iguales.	B, C, D, E B, C, D, E B
c. Nombra las figuras que tienen: • un ángulo recto. • cuatro ángulos rectos. • no tienen ángulos rectos.	A, B, D, E B, D, E C
d. ¿Qué nombre recibe la figura...? • A • B • C • D • E	Trapezoide Cuadrado Paralelogramo Rectángulo Rombo

Luego podemos solicitar que completen este otro cuadro:

FIGURA	LADOS		ÁNGULOS
	Paralelos	Iguales	
Paralelogramo	Los opuestos	Los opuestos	Los opuestos
Rectángulo	Los opuestos	Los opuestos	Los cuatro
Rombo	Los opuestos	Los cuatro	Los cuatro
Cuadrado	Los opuestos	Los cuatro	Los cuatro

CUADRO 1

Por último les solicitamos que respondan los siguientes interrogantes.

¿Podemos decir que:
a) ...el rombo, el cuadrado, el paralelogramo y el rectángulo son cuadriláteros? ¿Por qué?
b) ...el rombo, el cuadrado y el rectángulo son paralelogramos? ¿Por qué?
c) ...el cuadrado cumple con las propiedades del rectángulo y a su vez tiene propiedades que lo hacen diferente? ¿Por qué?
d) ...el rombo y el cuadrado son figuras diferentes o iguales? ¿Por qué?

Por lo general los alumnos al responder a la pregunta "d" dicen: *"es lo mismo"*, *"son la misma figura"*, *"son iguales cambia la posición"*.

Con el objetivo de que reviertan esta construcción equivocada se les puede proponer realizar, en grupos de no más de cuatro alumnos, la siguiente secuencia de actividades.

I-

✓ Selecciona dos varillas de igual longitud y dos de diferente longitud.
✓ Coloca cada par de varillas en forma perpendicular, de forma tal que se corten en el punto medio.
✓ Construí en ambos casos un rombo.

¿Qué figura se formó en cada caso?

II-

Toma un papel cualquiera, dóblalo por la mitad y luego otra vez por la mitad, en sentido contrario.
Imagina y escribe qué clase de figura se obtendrá al cortar en forma oblicua la esquina hecha por los dobleces.
✓ a 45°.
✓ a un ángulo que no sea de 45°.

> Luego realiza los cortes y compara tu respuesta con lo obtenido.
> Al finalizar responde:
> a) ¿Qué figura se formó en cada caso?
> b) ¿Cómo son las diagonales en cada una de las figuras?
> c) ¿Qué ángulos se formaron en el punto de intersección de las diagonales?

III-

> **TODO CUADRADO ES ROMBO.**
> **ALGÚN ROMBO ES CUADRADO.**
> La afirmación, ¿es verdadera o falsa? Justificar.

A partir de la secuencia presentada es de esperar que los alumnos comprueben que algunas de las figuras que armaron fueron cuadrados (rombos) y otras sólo rombos.

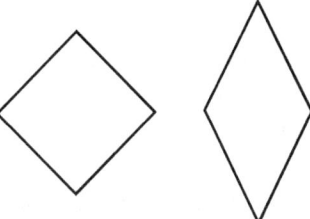

Por lo tanto, los alumnos pueden concluir que la afirmación es verdadera dado que los cuadrados siempre cumplen con las propiedades de los rombos, pero solo algunos rombos cumplen las propiedades de los cuadrados.

Continuando con nuestra reflexión en torno a los cuadriláteros, se puede proponer:

Armen con las varillas un paralelogramo, un rectángulo, un rombo y un cuadrado. Tracen sus diagonales y completen el siguiente cuadro.

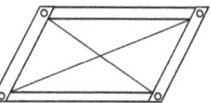 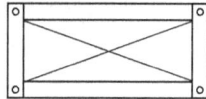 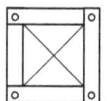 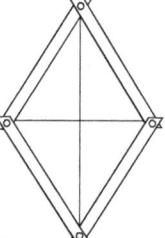

FIGURA	DIAGONALES
Paralelogramo	• Se cortan en partes iguales
Rectángulo	• Son iguales • Se cortan en partes iguales
Rombo	• Se cortan en partes iguales • Son perpendiculares.
Cuadrado	• Son iguales • Se cortan en partes iguales • Son perpendiculares

CUADRO 2

Luego se les solicita que comparen el *cuadro 1* y el *cuadro 2* para que comprendan que, entre las distintas figuras, existen algunas propiedades compartidas y otras que los diferencian.

Avanzando en análisis, observación y reflexión de los cuadriláteros se les puede solicitar que:

Dibujen un triángulo rectángulo, otro isósceles y otro escaleno.
✓ Tracen una paralela a uno de los lados de modo tal que corte a los otros dos.
✓ ¿Qué figuras se han obtenido? Escribe alguna de sus características.

Es de esperar que los niños hayan realizado producciones como la siguiente.

A

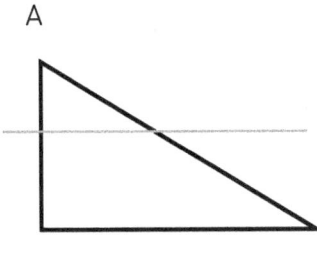

- ✓ Cuadrilátero.
- ✓ Un par de lados paralelos
- ✓ Uno de los lados no paralelos es perpendicular a la base.
- ✓ Posee dos ángulos rectos.
- ✓ Los demás ángulos son desiguales.

B

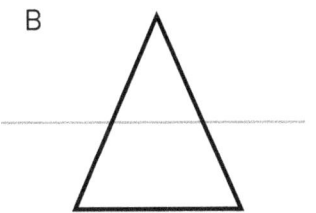

- ✓ Cuadrilátero
- ✓ Un par de lados paralelos
- ✓ Los lados no paralelos son iguales
- ✓ Los ángulos de la base son iguales y diferentes entre sí.

C

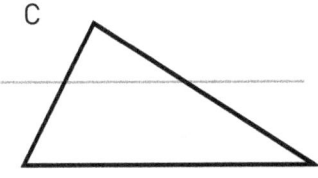

- ✓ Cuadrilátero.
- ✓ Un par de lados paralelos.
- ✓ Todos los ángulos son desiguales.

En caso de que los niños no conozcan el nombre de los cuadriláteros armados, será el docente quién lo proporcione. Así:
    A. trapecio rectángulo.
    B. trapecio isósceles.
    C. trapecio escaleno.

Podemos continuar proponiendo

> Dibujar un trapecio rectángulo, otro isósceles y otro escaleno.
> ✓ Trazar en cada uno las diagonales.
> ✓ ¿A qué conclusión llegaste?

Los alumnos después de realizar las siguientes figuras

Algunas de las conclusiones alcanzadas por los niños pueden ser:
- ✓ En los tres trapecios:
  - Las diagonales se cortan en un punto interior y determinan cuatro triángulos.
- ✓ En el trapecio isósceles, además, las diagonales son iguales.

Por último se les puede pedir que:

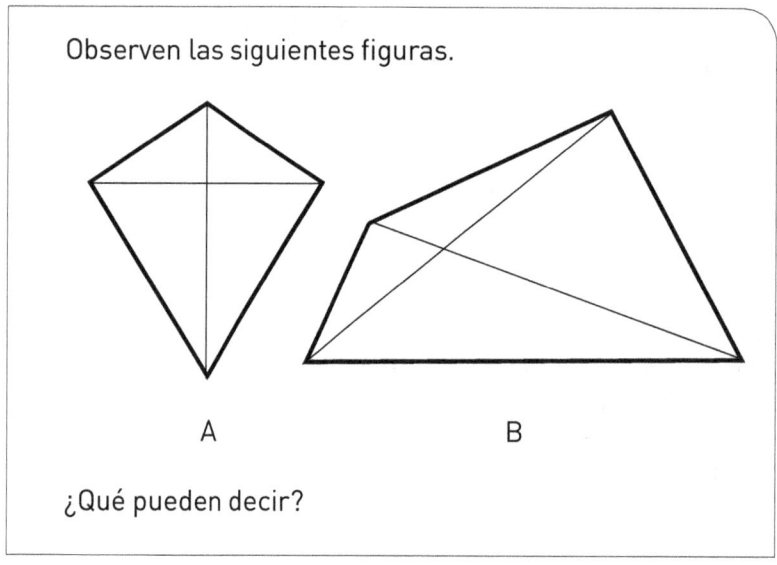

En grupo total podrán armar un cuadro como el siguiente

FIGURA A	FIGURA B
• Cuadrilátero • Tiene los lados consecutivos iguales • Un par de ángulos opuestos iguales. • No tiene lados paralelos. • Una diagonal corta a la otra en partes iguales. • Las diagonales son perpendiculares. • Una diagonal es bisectriz de un par de ángulos opuestos. • Una diagonal divide al cuadrilátero en dos triángulos iguales.	• Cuadrilátero • No tiene lados paralelos. • Los cuatro lados son desiguales. • Las diagonales son desiguales. • Las diagonales dividen al cuadrilátero en cuatro triángulos desiguales.

Si los niños no saben el nombre, el docente puede aportarlo diciendo:

✓ La figura A es un romboide
✓ La figura B es un trapeziode.

Además de reflexionar en torno a los lados, ángulos y diagonales de los cuadriláteros debemos hacerlo, también, en relación con la base media, el eje y centro de simetría.

Recordemos que:

✓ ***Base media*** en un cuadrilátero es el segmento determinado por los puntos medios de cada par de lados opuestos.
✓ ***Eje de simetría*** en un cuadrilátero es la recta que divide a la figura en dos partes iguales, es decir coinciden ambas partes.
✓ ***Centro de simetría*** en un cuadrilátero es el punto en el que al hacer girar 180° la figura se obtiene, en la nueva posición, una figura igual a la primera.

Para lo cual se puede solicitar que en grupos realicen la siguiente actividad:

> Dibuja todos los cuadriláteros que conoces y traza en ellos la base media, el eje y centro de simetría. Escribe tus observaciones.

Los alumnos, en el momento de la puesta en común puedan establecer reflexiones del siguiente tipo:

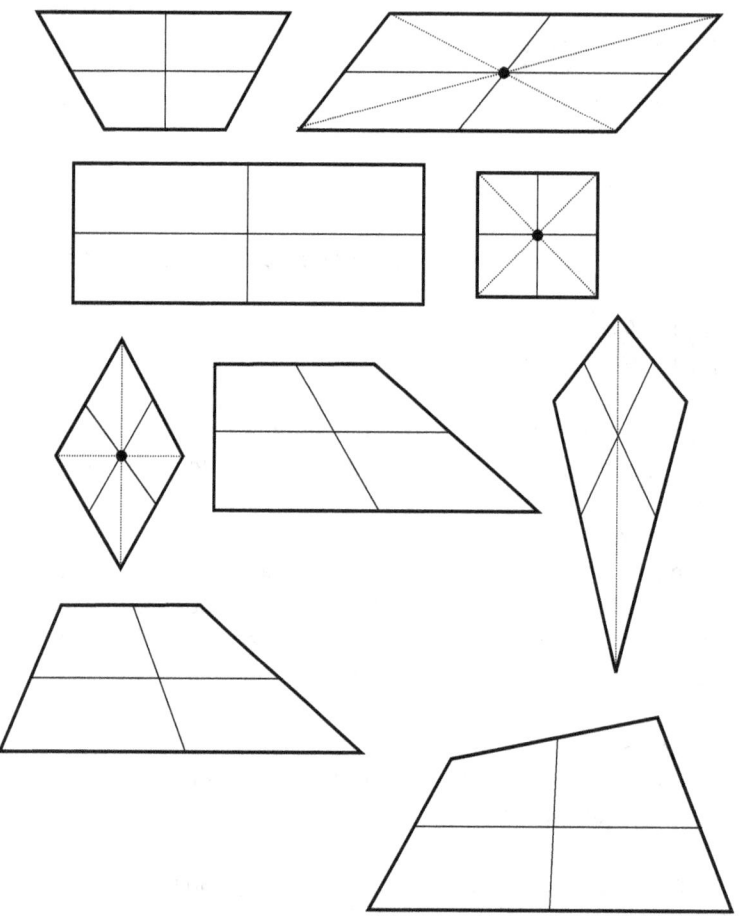

PROPIEDADES									
EN RELACIÓN CON LAS ***BASES MEDIAS***									
Se cortan en partes iguales.	SI	SI	SI	SI	SI	SI	SI	SI	SI
Son iguales.	NO	SI	NO	NO	NO	NO	NO	SI	SI
Son perpendiculares.	NO	NO	NO	NO	SI	NO	SI	NO	SI
Una base media es paralela a un par de lados opuestos e igual a su semisuma.	NO	NO	SI	SI	SI	SI	SI	SI	SI
Cada una es paralela e igual a un par de lados opuestos.	NO	NO	NO	NO	NO	SI	SI	SI	SI
EN RELACIÓN CON EL ***EJE Y CENTRO DE SIMETRÍA***									
Una diagonal es eje de simetría	NO	SI	NO	NO	NO	NO	NO	SI	SI
Cada diagonal es eje de simetría.	NO	NO	NO	NO	NO	NO	NO	SI	SI
Una base media es eje de simetría.	NO	NO	NO	NO	SI	NO	SI	NO	SI
Cada base media es eje de simetría.	NO	NO	NO	NO	NO	NO	SI	NO	SI
El punto de intersección de las diagonales y las bases medias es centro de simetría.	NO	NO	NO	NO	NO	SI	SI	SI	SI

Una vez que los alumnos reflexionaron y comprendieron las diferentes propiedades de los cuadriláteros se les puede proponer que realicen, con base en ellas, diferentes clasificaciones.

La idea central es que las propiedades de las figuras permiten realizar clasificaciones distintas según se tengan en cuenta los lados, los ángulos, las diagonales, las bases medias, los ejes y los centros de simetría.

De esta forma, los alumnos comprenderán que la clasificación no es única sino que depende del criterio que se tiene en cuenta, es variable, no inmóvil.

Con el objetivo de favorecer esta reflexión se les puede proponer:

> Armen seis grupos.
> Cada grupo realizará, en un papel afiche, una de las siguientes clasificaciones de cuadriláteros:
> ✓ Según sus lados.
> ✓ Según los ángulos.
> ✓ Según los lados paralelos.
> ✓ Según las diagonales
> ✓ Según las bases medias
> ✓ Según el eje y el centro de simetría.

Es de esperar que el grupo que eligió la clasificación de los cuadriláteros según los lados realice un afiche del siguiente tipo:

Clasificación según igualdad de lados	
• Sin lados iguales.	Trapezoide Trapecio escaleno Trapecio rectángulo
• Un par de lados opuestos iguales	Trapecio isósceles Paralelogramo Rectángulo Cuadrado. Rombo
• Un par de lados consecutivos iguales	Romboide Rombo Cuadrado
• Dos pares de lados opuestos iguales.	Paralelogramo Rectángulo Rombo Cuadrado
• Dos pares de lados consecutivos iguales.	Romboide Rombo Cuadrado
• Sólo tres lados iguales.	----------
• Cuatro lados iguales.	Rombo Cuadrado

Una vez que los alumnos analizaron, reflexionaron, compartieron, los cuadros producidos por los distintos grupos, el docente puede proponer avanzar un paso más con el objetivo de que entre todos comprendan, por ejemplo, los alcances de las expresiones:

- ✓ *"Sólo tres lados iguales"*
- ✓ *"Al menos tres lados iguales"*

Ambas implican diferentes inclusiones, pues al decir: *"Sólo tres lados iguales"* los cuadriláteros de cuatro lados iguales no están incluidos, en cambio si se dice *"Al menos tres lados iguales"* se los incluye pues el cuadrilátero con cuatro lados iguales también tiene tres. De esta forma se propicia la reflexión en torno a la forma en que se expresan las clases, reflexión que determina las relaciones de inclusión que se ponen en movimiento.

Además es de esperar que los alumnos se den cuenta de que las figuras se relacionan con diferentes clases según el criterio que se privilegie

Ángulos interiores y exteriores de los cuadriláteros

Con el objetivo de que los alumnos puedan, por sus propios medios, comprobar el valor de la suma de los ángulos interiores de un cuadrilátero les proponemos una actividad como la siguiente.

> En grupo de no más de cuatro alumnos elijan tres cuadriláteros y averigüen, sin medir, cuál es el valor de la suma de los ángulos interiores.

Es de esperar que los alumnos, en el momento de la puesta en común, realicen presentaciones del siguiente tipo:

GRUPO 1

Nosotros sabemos que en el rectángulo y el cuadrado la suma de los ángulos interiores es de 360º porque cada ángulo mide 90º y 4x90º=360º.

GRUPO 2

Nosotros tomamos un trapecio rectángulo, trazamos una diagonal y se formaron dos triángulos

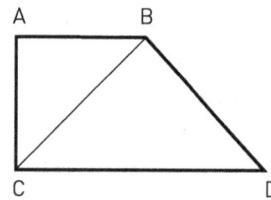

$\triangle$ACB + $\triangle$CBD

180º + 180º (suma de los ángulos interiores de un triángulo).

360º

Por lo tanto la suma de los ángulos interiores del trapecio es de 360º

GRUPO 3

Nosotros tomamos un trapezoide, trazamos una diagonal y nos quedaron formados dos triángulos.

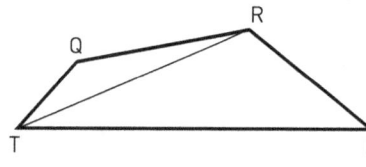

$\triangle$TQR y $\triangle$TRL

180º + 180º = 360º (suma de los ángulos interiores de un triángulo).

Así la suma de los ángulos interiores del trapezoide mide 360º

De esta forma los alumnos pueden comprobar que en todos los cuadriláteros, al trazar una de las diagonales, quedan determinados dos triángulos y como la suma de los ángulos interiores de cada triángulo es 180º, concluyen en que:

> **La suma de los ángulos interiores de un cuadrilátero es igual a 360º.**

Un paso más se obtiene al proponer que en grupos de no más de cuatro alumnos...

> Averigüen, sin medir, cuál es la relación entre el ángulo interior y su correspondiente ángulo exterior en un cuadrilátero.

Seguramente los alumnos presentarán respuestas del siguiente tipo:

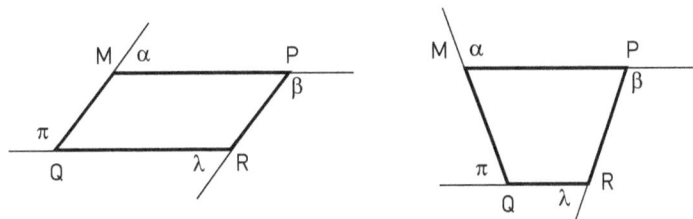

En ambas figuras se dan las siguientes relaciones:
$\hat{M} + \hat{\alpha} = 180°$ $\hat{P} + \hat{\beta} = 180°$ $\hat{Q} + \hat{\pi} = 180°$ $\hat{R} + \hat{\lambda} = 180°$

Por lo tanto se puede concluir en que se cumple la misma relación que en los triángulos

> **Cada ángulo interno con su correspondiente ángulo externo es adyacente, es decir que sumados miden 180°**

El objetivo central es que los alumnos relacionen las propiedades de los cuadriláteros con las de los triángulos. Así a partir del uso de las propiedades descubren el valor de los ángulos, los números están en función de las relaciones geométricas.

Construcción de cuadriláteros

La construcción de cuadriláteros se basa en la construcción de triángulos pues siempre que sea posible construir el triángulo ABC[1], será posible construir el cuadrilátero ABCD.

Veamos la siguiente situación

> Construir un paralelogramo conociendo dos lados consecutivos y la diagonal determinada por sus extremos no comunes.

Con los datos suministrados el alumno puede hacer la siguiente figura de análisis[2]

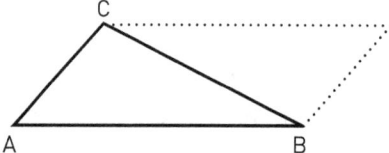

Para transformar el triángulo en un paralelogramo –completar con las líneas de puntos– el alumno necesita hacer uso de la propiedad que dice que: *en un paralelogramo los lados opuestos son paralelos e iguales.*

Una vez que los alumnos hayan comprendido y realizado la construcción solicitada se les puede proponer:

---

1. Recordar la *Propiedad triangular*: La medida de cada lado es menor que la suma de los otros dos y mayor que su diferencia.
2. *Figura de análisis* sirve para analizar la ubicación de los elementos que figuran en los datos sin tener en cuenta sus dimensiones ni el orden en que deben ser utilizados.

> Para construir un cuadrado, un rectángulo, un rombo, se necesita conocer los mismos datos que para un paralelogramo o más o menos. Justifica tu respuesta.

Es de esperar que los alumnos concluyan diciendo:
- ✓ *Rectángulo*: como sus cuatro ángulos son rectos, para construir un triángulo rectángulo basta conocer:
    - Dos lados consecutivos.
    - Un lado y la diagonal.
- ✓ *Rombo*: como sus cuatro lados son iguales basta con conocer un lado y una diagonal.
- ✓ *Cuadrado:* como sus cuatro ángulos y lados son iguales y sus diagonales son iguales, perpendiculares y se cortan en el punto medio, basta con conocer:
    - El lado
    - La diagonal

La reflexión se puede continuar planteando:

> Construir un paralelogramo conociendo el valor de las diagonales y del ángulo que forman al cortarse.

Ante los datos dados, los alumnos pueden realizar la siguiente figura de análisis.

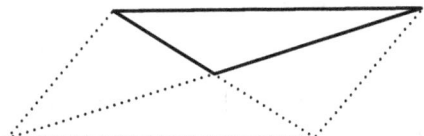

Para pasar del triángulo al paralelogramo debieron tener en cuenta las propiedades de las diagonales: *se cortan en el punto medio y dividen al cuadrilátero en dos triángulos iguales.*

A continuación se puede proponer:

> Para construir un cuadrado, un rectángulo, un rombo se necesita conocer los mismos datos que para un paralelogramo o más o menos. Justifica tu respuesta.

Los alumnos después de intercambiar opiniones pueden expresar:
- ✓ *Rectángulo*: como sus diagonales son iguales, para construirlo basta conocer: la diagonal y uno de los ángulos que forman las diagonales al cortarse.
- ✓ *Rombo*: sus diagonales son perpendiculares y se cortan en el punto medio, por lo tanto es necesario conocer el valor de las dos diagonales.
- ✓ *Cuadrado:* aquí las diagonales son iguales y perpendiculares por lo tanto es suficiente conocer el valor de la diagonal.

Una vez que los alumnos reflexionaron sobre las propuestas sugeridas se les puede pedir que, en grupos de no más de cuatro alumnos, respondan:

> Conociendo el valor de las diagonales
> ¿cómo deben ser colocadas para construir un:
> Rombo
> Romboide?

Es de esperar que, en base a todo lo reflexionado, los alumnos, den respuestas del siguiente tipo:
Para construir un:
- ✓ *Romboide* las diagonales deben ser colocadas en forma perpendicular de manera que una corta a la otra en partes iguales.

✓ *Rombo* las diagonales se deben colocar, también en forma perpendicular pero una corta a la otra en su punto medio.

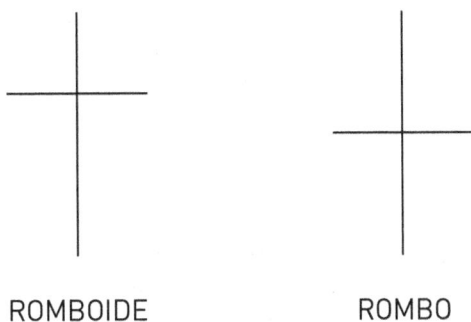

ROMBOIDE   ROMBO

Algunas actividades posibles de ser trabajadas con los alumnos en el aula son las siguientes.

Situación 1

Los mensajes
✓ Formar grupos de 4 integrantes y subdividirlos en dos sub-grupos.
✓ Un grupo realiza en una hoja cuadriculada una figura. Luego mediante mensajes verbales, es decir por medio del *dictado*, debe lograr que el otro grupo realice la misma figura (tanto en forma como en tamaño), con la menor cantidad de consignas posibles.
✓ Anotar los mensajes que dan.
✓ Se confronta lo realizado y se sacan conclusiones.
✓ Se invierten los roles.

Situación 2

Responder **V** (Verdadero) o **F** (falso).
Justificar las falsas.
a) Todos los cuadrados son paralelogramos.
b) Los cuadriláteros son figuras que al menos tienen cuatro lados.
c) El paralelogramo es también trapecio.
d) Todos los cuadriláteros son trapecios.
e) Todos los rombos son cuadrados.
f) Todo trapecio es un romboide.
g) Los romboides son paralelogramos.
h) Todos los cuadrados tienen cuatro lados desiguales.
i) Los ángulos del rectángulo algunas veces miden 90º.
j) Los trapecios isósceles tienen los pares de lados no paralelos desiguales.
k) Los trapecios rectángulos no tienen ningún lado perpendicular.
l) Los trapecios escalenos tienen los pares de lados no paralelos desiguales.
m) Los paralelogramos son los cuadriláteros que tienen dos pares de lados opuestos paralelos.
n) El trapezoide es un cuadrilátero que no tiene ningún par de lados paralelos.
o) El romboide tiene dos pares de lados consecutivos iguales.
p) Los romboides no son cuadriláteros.
q) Las diagonales del cuadrado son desiguales.
r) Las diagonales del rombo son perpendiculares.

Situación 3

Completar la línea punteada con *a veces*, *siempre*, *nunca* según corresponda.
 a) Los paralelogramos son ----------- trapecios.
 b) Los rombos son ---------- cuadrados.
 c) Los cuadrados son ----------- rectángulos.
 d) Los romboides son ---------- paralelogramos.

Situación 4

Dibuja los siguientes cuadriláteros: trapezoide, trapecio isósceles, paralelogramo, romboide, rectángulo, rombo, cuadrado.
✓ Indica en cada caso qué cuadrilátero se forma uniendo los puntos medios de sus lados.

Situación 5

Si te dan la siguiente información ¿podés decir con seguridad de qué cuadrilátero se trata? ¿En qué casos existe más de una posibilidad? Fundamenta tu respuesta.
   a) Un cuadrilátero tiene un solo par de ángulos opuestos iguales.
   b) Un cuadrilátero tiene dos pares de ángulos opuestos iguales.
   c) Un cuadrilátero tiene cuatro ángulos iguales.
   d) Un cuadrilátero tiene dos pares de lados opuestos iguales.
   e) Un cuadrilátero tiene cuatro lados iguales.

Situación 6

Marcar las condiciones que se relacionan con el romboide

CONDICIÓN
• Dos pares de lados consecutivos iguales.
• Un par de ángulos opuestos iguales.
• Dos pares de lados opuestos iguales.
• Dos pares de lados consecutivos iguales y un par de ángulos opuestos iguales
• Cuatro lados iguales.
• Dos pares de ángulos opuestos iguales.

Situación 7

Establece la Verdad (**V**) o Falsedad (**F**) de cada una de estas afirmaciones. Justifica tu respuesta.
- ✓ Mica afirma que un cuadro es siempre un rombo.
- ✓ Seba opina que si es cuadrado no puede ser rombo.
- ✓ Juan dice que si es un cuadrado es un rectángulo.
- ✓ Lola expresa que si no es rectángulo no puede ser cuadrado

Situación 8

Escribe tres pistas que permitan identificar a un trapecio isósceles.

Situación 9

¿Cuál es?

Objetivo del juego
- ✓ Descubrir la figura elegida por el compañero.

Materiales
- ✓ Distintos cuadriláteros en cartulina, con una o dos diagonales, con las bases medias y una letra que los identifique, por ejemplo

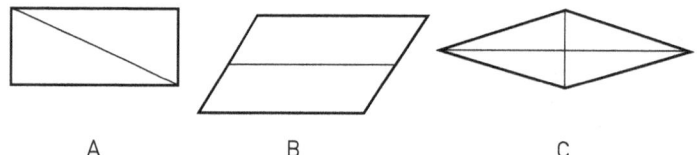

A   B   C

- ✓ Hojas y lápices.

Desarrollo
- ✓ Se designan dos alumnos que cumplen la función de secretarios. Estos elijen una figura y escriben la letra en un papel sin que nadie los vea.
- ✓ El resto de los otros alumnos realiza preguntas que les permitan descubrir la figura y que se puedan responder por sí o no.
- ✓ Todas las figuras están a la vista de los jugadores.
- ✓ Gana el jugador que primero descubre la figura.

Variante:
- ✓ Se juega de la misma forma pero sólo se permiten 5 preguntas.
- ✓ Si con esas preguntas no pueden descubrir la figura ganan los secretarios.

Situación 10

En un juego **¿Cuál es?** se sospecha que los secretarios eligieron una de estas figuras:

Escribí la pregunta que formularías para estar seguro de qué figura se trata.

Situación 11

Identifica si los siguientes ángulos pueden o no formar un cuadrilátero, en caso afirmativo indica qué tipo de cuadrilátero es.

FIGURA	ÁNGULOS				NOMBRE DE LA/S FIGURA/S JUSTIFICAR
	A	B	C	D	
I	90°	90°	90°	90°	
II	75° 14' 33"	58° 43" 33"	104°44'39"	39° 45'23"	
III	89° 38' 23"	90° 21' 37"	89° 38' 23"	90° 21' 37"	
IV	139°	83°	175°	45°	
V	75°	105°	105°	75°	
VI	51°36'20"	77°22'35"	153°38'30"	77°22'35"	
VII	31°	167°	105°	57°	

Situación 12

En el cuadrado STMR se dibujó el rectángulo UQPJ. Sabiendo que $\hat{\beta} = 45°$ Averiguar el valor del ángulo $\hat{\pi}$

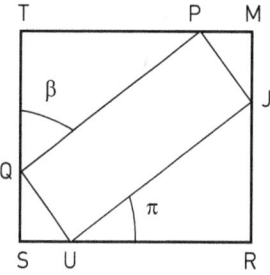

Situación 13

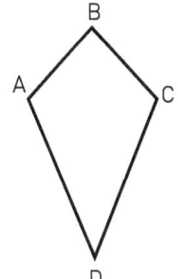

ABCD es un romboide
$\hat{B} + \hat{D} = 136°$
$\hat{B} = x + 32°$
$\hat{D} = x + 10°$

Calcular el valor de los cuatro ángulos.
Justifique la respuesta.

Situación 14

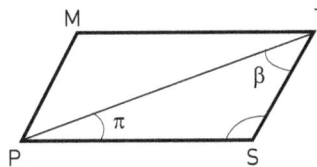

$\overline{PT}$ es la diagonal del paralelogramo **PMTS**
$\hat{\pi} = 40°$
$\hat{\beta} = 60°$

Calcular el valor de $\hat{M}$ y $\hat{S}$.
Justifique la respuesta.

Situación 15

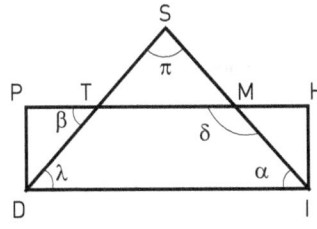

Observa las figuras.
Sabiendo que $\hat{\lambda}$ y $\hat{\pi} = 60°$.
Averigua el valor de $\hat{\beta}, \hat{\delta}, \hat{\alpha}$
Justifica la respuesta.

Situación 16

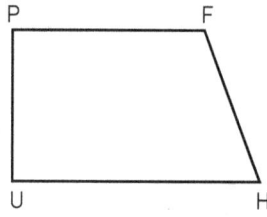

PFHU es un trapecio rectángulo.
$\hat{F} = 102° 45"$.

Calcular el valor de cada uno de los ángulos interiores del trapecio.

Situación 17

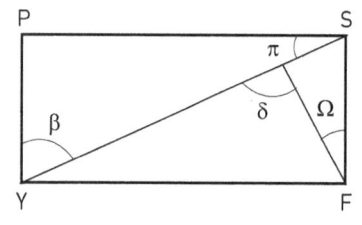

PSFY es un rectángulo.
$\hat{\pi} = 25°$.
$\hat{\Omega} = 30°$.
Averiguar el valor de $\hat{\delta}$, $\hat{\beta}$

Situación 18

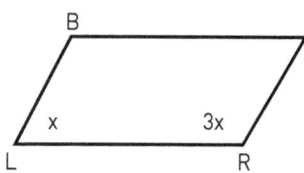

LBIR es un paralelogramo.
Calcular el valor de cada uno de los ángulos.

Situación 19

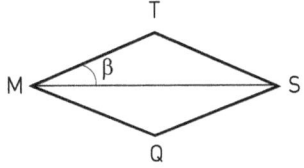

Sabiendo que:

MTSQ es un rombo.

$\hat{T} = 100°$.

$\hat{\beta} = 40°$.

Averiguar el valor de $\hat{M}$, $\hat{S}$, $\hat{Q}$

Situación 20

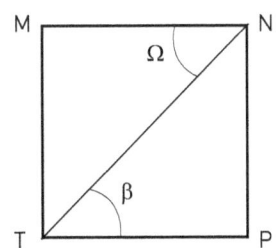

Sabiendo que:

TMNP es un cuadrado.

$\hat{\beta} = 40°$.

Averiguar el valor de $\hat{\Omega}$

Situación 21

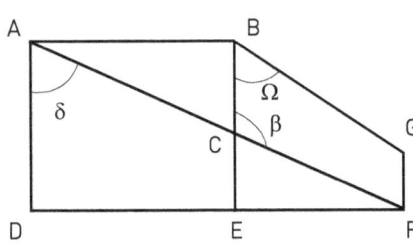

ABED es un rectángulo,

$\overline{GF}$ es $\perp$ a $\overline{EF}$.

$\hat{\Omega} = 60°$.

$\hat{\beta} = 120°$.

Calcula medida de $\hat{\delta}$ y $\hat{G}$

A lo largo del capítulo la reflexión se centró en las propiedades de los cuadriláteros, a su vez, los alumnos, para dar respuesta a las actividades propuestas debieron hacer uso de las habilidades descriptas en el capítulo III así como, también, del Modelo van Hiele (capítulo IV).

En síntesis

FIGURAS DE CUATRO LADOS Y CUATRO ÁNGULOS

- **Clasificación de cuadriláteros**
- **Ángulos interiores y exteriores de los cuadriláteros.**
- **Construcción de cuadriláteros.**

Capítulo 7
Actividades lúdicas para el trabajo geométrico

La geometría, tal como venimos desarrollando a lo largo de los capítulos anteriores, posee un alto potencial recreativo. Las *actividades lúdicas* nos atraen a todos, combinan desafío con aprendizaje y curiosidad. Es más apasionado aprender jugando.

En el juego, el jugador, piensa, se apropia de conocimientos ya construidos y produce nuevos significados de lo que conoce. También se favorece el crecimiento cognoscitivo, intelectual y afectivo.

El valor didáctico de los juegos, como el del material didáctico, no está en él, sino en la secuencia didáctica que se plantee, en las actividades que se proponen, en la reflexión que se propicie... son un recurso que permiten el desarrollo conceptual.

En este capítulo presentaremos *puzzles o rompecabezas, geoplano y pentominos,* así como diferentes recursos y desafíos que permitan, a los alumnos, desarrollar su intuición geométrica y comprender variados conceptos geométricos.

Todos ellos contribuyen a la comprensión, profundización y conceptualización de las propiedades de las figuras, es decir de los triángulos, cuadriláteros y polígonos de más de cuatro lados.

Los rompecabezas

Los rompecabezas o puzles son juegos de habilidad y paciencia que consisten en recomponer una figura o una imagen combinando de manera correcta cada una de las piezas. Las piezas, por lo general, son de diferentes formas y tamaños. Atrae a grandes y chicos.

El primer rompecabezas fue creado por John Spilsbury en 1760, experto en creaciones de mapas, lo hizo al montar uno de los mapas que había creado sobre una madera dura y cortarlo alrededor de las fronteras de los países. Inicialmente fue usado en Gran Bretaña como pasatiempo educativo para enseñar geografía a niños.

El armado de rompecabezas contribuye a:
- ✓ Estimular el aprendizaje.
- ✓ Despertar interés.
- ✓ Desarrollar capacidad de análisis, observación, atención y concentración. Cada pieza debe ser colocada en un determinado espacio.
- ✓ Favorecer la orientación espacial. Se debe organizar la información para obtener el resultado esperado.
- ✓ Desarrollar la capacidad lógica y de ingenio. Permite encontrar estrategias para lograr armar lo solicitado.
- ✓ Resolver problemas y desarrollar la capacidad de tolerancia.
- ✓ Favorecer y desarrollar la memoria visual.

Tangram chino

Este tangram es un famoso rompecabezas milenario de origen chino, no se sabe con certeza quién ni cuando lo inventaron. Las primeras publicaciones datan del siglo XVIII momento en el cual ya era conocido en varios países del mundo. Los chinos lo llamaban "tabla de sabiduría" o "tabla de sagacidad" haciendo referencia a las cualidades que el juego requiere.

La palabra tangram es un invento occidental que se supone creada por un norteamericano aficionado a los rompecabezas, combina *"tang"* palabra cantonesa que significa "chino" con *"gran"* sufijo inglés que significa "escrito" o "gráfico".

Los primeros libros sobre el tangram aparecieron en Europa a principios del siglo XIX, presentaban figuras y soluciones. Hoy se conocen más de 1.000 figuras que se pueden lograr con sus piezas.

El tangram es un rompecabezas que permite aunar, de manera lúdica, la manipulación de materiales con la formación de ideas abstractas.

Los alumnos pueden construir su tangram sobre un cuadrado de 10x10 de papel cuadriculado. Hay distintas formas de hacerlo, una de ellas es la siguiente:

1. Dibujar sobre base cuadriculada un cuadrado de 10x10.
2. Trazar una de las diagonales del cuadrado.
3. Trazar una recta paralela a la diagonal que pase por el punto medio de dos lados consecutivos.
4. Trazar la otra diagonal del cuadrado hasta la recta trazada en el paso 3.
5. Partir la diagonal trazada en el paso 2 en 4 partes iguales.

6. Trazar la línea gris, tal como se muestra en la figura.

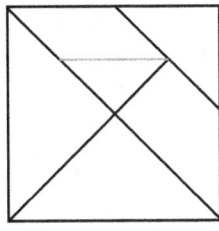

7. Trazar la línea punteada que se muestra en la figura.

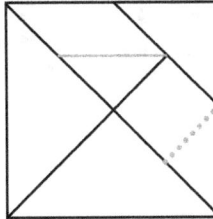

Al finalizar nos queda la siguiente figura.

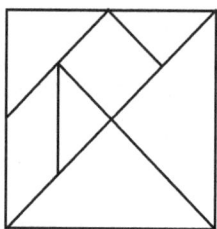

Colocar números a todas las piezas. Todos los alumnos deben colocar a igual pieza igual número para facilitar la comunicación entre ellos.

Una vez que los alumnos construyeron el tangram se les puede proponer:
    a) Cortar las piezas.
    b) Identificar y clasificar las piezas.
    c) Armar con algunas piezas triángulos de distintos tamaños.
    d) Armar con algunas piezas: un cuadrado, un paralelogramo y un triángulo mediano.
    e) Armar, con todas las piezas, un triangulo, un rectángulo, un paralelogramo, un trapecio isósceles.
    f) Presentarles figuras y pedirles que las armen con sus piezas.

    g) Solicitar que armen, usando todas las piezas, figuras diferentes a las anteriores y explicar en cada caso qué armaron

Una vez que los alumnos resolvieron las actividades propuestas, es importante que, en el momento de la puesta en común, reflexionen en torno a cuestiones del siguiente tipo:
- ✓ ¿Qué debieron hacer para pasar de una forma triangular a una cuadrangular?
- ✓ Después de armar un rectángulo, ¿qué debieron hacer para armar un paralelogramo, un trapecio isósceles?
- ✓ .....

Luego, en otro momento del año escolar se puede plantear la siguiente actividad:

Crear rompecabezas
En grupos de no más de cuatro alumnos armen un rompecabezas de:
- ✓ base rectangular, formado por 5 piezas, todas de cuatro lados.
- ✓ base pentagonal, formado por 6 piezas, dos triangulares y cuatro no triangulares.
- ✓ base trapezoidal, formado por 4 piezas, dos triangulares y dos de cuatro lados.

Pasen el tangram al grupo de la derecha quién deberá:
- ✓ Describir y clasificar las piezas.
- ✓ Formar, con todas o con algunas de las piezas, dos figuras diferentes y registrar lo realizado.

Es importante que los alumnos comprendan que el realizar rompecabezas con base cuadriculada permite:
- ✓ Conocer de forma rápida la longitud de las figuras que lo componen.
- ✓ Realizar cortes precisos que posibilitan el armado de nuevas figuras.

Tangram alemán

En 1984 el matemático alemán Georg Brugner creó, a partir de un rectángulo un tangram de tres piezas. El matemático buscaba la proporción que le permitiera armar varias figuras convexas; es así como impuso la condición de que los lados "c" y "b" fuesen iguales. Esta permite armar 16 figuras convexas con sólo 3 piezas triangulares.

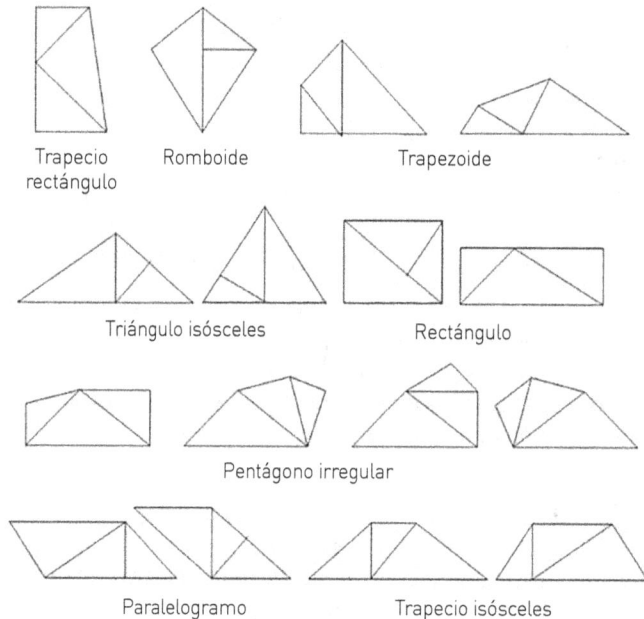

Los alumnos para construir este rompecabezas pueden seguir los pasos que a continuación se detallan.
1. Dibujar un rectángulo de las dimensiones que se desee.
2. Trazar una de las diagonales del rectángulo.
3. Trazar la línea de puntos de forma tal que los tres segmentos identificados con la letra "b" midan lo mismo.

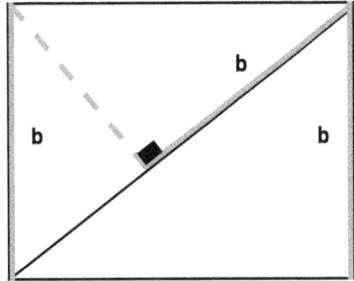

Al finalizar queda formada una figura como la siguiente en la cual c=b

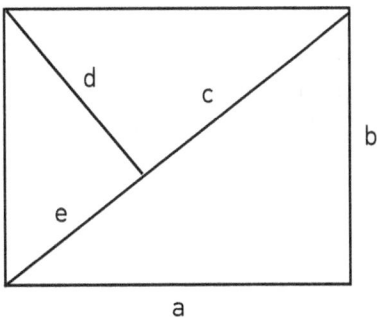

Una vez que los alumnos terminaron su construcción le colocan un número a cada pieza, todos deben colocar a igual pieza igual número para facilitar el intercambio de opiniones y la discusión.

Luego se puede solicitar, entre otras, las siguientes actividades:
a) Cortar las piezas.
b) Identificar las características de cada pieza.
c) Armar, usando todas las piezas, 16 figuras convexas.
d) Clasificar las figuras armadas según algún criterio.

El trabajo con este rompecabezas les permite a los alumnos, entre otras cuestiones, darse cuenta que:
  ✓ Conocer las propiedades de las figuras los ayuda a armar el rompecabezas.

- ✓ El rotar las figuras permite pasar de figuras de tres lados a figuras de cuatro y cinco lados.
- ✓ El cambiar los criterios de clasificación hace que varíen las figuras que forman parte de cada clase. De ahí que la clasificación no es ni única ni estática.
- ✓ ....

Los pentominos

El pentominó, también denominado pentamino, es una figura geométrica formada por cinco cuadrados iguales unidos por sus lados.

En 1954 llegan al mundo matemático por Solomon W. Golomb catedrático de la Universidad del Sur de California.

Existen doce pentominós diferentes, que se nombran con diferentes letras del abecedario.

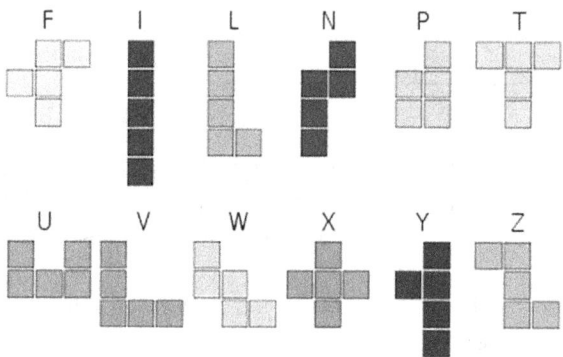

Una vez que los niños armaron en cartulina, goma eva u otro material 5 cuadrados de 3 cm, se les puede proponer que formen grupos de no más de cuatro y resuelvan las siguientes actividades:

✓ Cada jugador con sus 5 cuadrados arma un pentomino. (Aclarar que: un *pentomino* es una figura de cinco cuadrados en la cual uno con el otro tiene al menos un lado en común. Si están unidos por el vértice no se considera pentomino.)
Al finalizar verifican si los pentominos armados son diferentes o iguales. Los iguales se descartan. Dos pentominos son idénticos cuando las piezas están rotadas. Este es un ejemplo de la pieza N rotada:

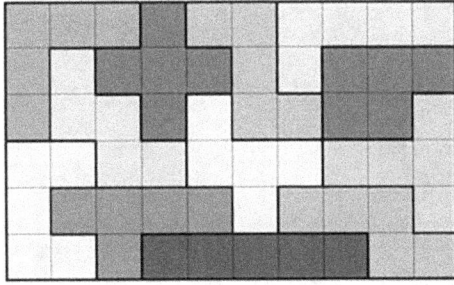

Los diferentes se registran en una hoja y se les coloca una letra del alfabeto.
Así continuán hasta armar 12 pentominos diferentes.

Al finalizar se puede realizar una puesta en común en la cual el docente propicia la reflexión, entre otras cuestiones, de:
✓ ¿Algún pentomino guarda similitud con las letras del alfabeto? ¿Cuál/es?
✓ ¿Hay piezas que tienen ejes de simetría? ¿Cuáles?
✓ .....

✓ Reconocer las 12 piezas del pentomino en el rectángulo.

✓ Cada jugador armar en cartulina, goma eva u otro material los 12 pentominos registrados en la actividad "a".

¡Armando rectángulos!

Objetivo del juego: Ser los primeros en armar un rectángulo.

Materiales:
- ✓ Dos juegos de 12 pentominos.
- ✓ Rectángulos de: 6x10; 5x12; 4x15 y 3x20.

Desarrollo
- ✓ Se juega de a 2 o 4 jugadores. Si son 2 cada uno juega en forma individual, si son 4 arman parejas.
- ✓ Cada pareja o jugador recibe un juego con 12 pentominos y selecciona un rectángulo.
- ✓ Se plantea la siguiente consigna: *"Cubran el rectángulo elegido con todas las piezas del pentomino, sin dejar espacios vacíos".*
- ✓ Gana el primero que termina.

Algunas de las formas en que los niños pueden cubrir los rectángulos son:

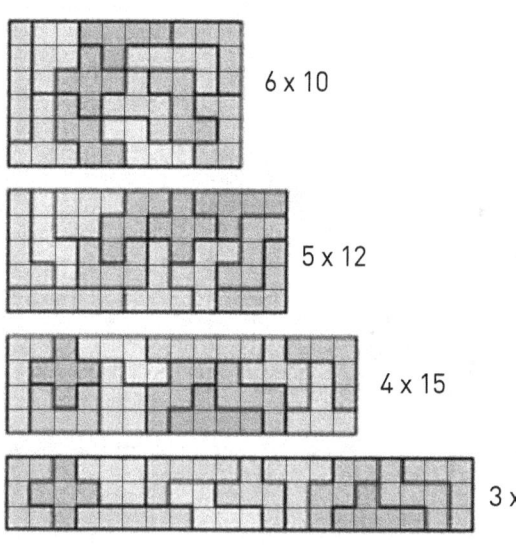

6 x 10

5 x 12

4 x 15

3 x 20

Los geoplanos

El geoplano fue creado en 1960 por el matemático egipcio Caleb Gattegno, para enseñar conceptos geométricos.

Es un recurso didáctico que permite trabajar los conceptos geométricos de forma manipulativa ya que a medida que los niños construyen formas geométricas van descubriendo sus propiedades.

Consiste en un tablero en el cual se marcan cuadrículas de 5x5 y se coloca un clavo o tacha en el centro del cuadrado, es decir en el punto de intersección de las diagonales. El tablero que puede ser de madera o plástico tiene, por lo general, forma cuadrangular aunque hay con forma rectangular y circular. Se usan bandas elásticas para formar las figuras.

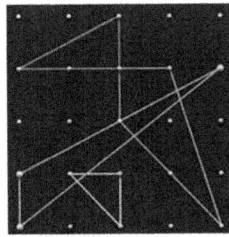 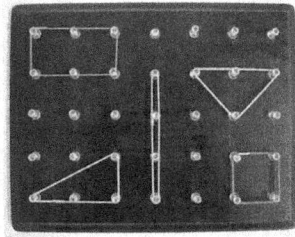 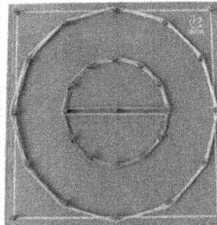

Es un recurso didáctico de fácil manejo que permite:
- ✓ el paso rápido de una actividad a otra manteniendo a los alumnos activos.
- ✓ el desarrollo de la creatividad, por parte de los alumnos quienes deben armar y desarmar figuras geométricas.
- ✓ la autonomía intelectual de los niños al poder descubrir por sí mismos las propiedades geométricas.
- ✓ la representación de figuras, que es anterior a la reproducción que se realiza en el geoplano.
- ✓ reelaborar las ideas iniciales al armar y desarmar figuras.

Algunas actividades posibles de ser trabajadas con este material son:

a) Construir en un mismo geoplano un triángulo, un rectángulo, un cuadrado y un romboide. Establecer oralmente semejanzas y diferencias entre ellas.

b) Construir en un mismo geoplano:
- ✓ Un cuadrado y dentro de él un rectángulo.
- ✓ Un cuadrado y dentro de él un triángulo.

En ambos casos con la mayor cantidad de puntos comunes posibles.

Explicar las relaciones que se pueden establecer con las figuras entre sí.

En ambos casos decir:
- ✓ ¿Cuál es la máxima cantidad de puntos comunes que pueden tener las figuras construidas?
- ✓ ¿Y la mínima?

c) Construir un trapezoide y en el mismo geoplano otro que duplique el valor de dos de sus lados.

d) ¡A construir figuras!

Objetivo del juego: realizar una figura igual a la del otro grupo.

Materiales:
- ✓ Geoplano.
- ✓ Bandas elásticas.

Desarrollo
- ✓ Se juega de a 2 o 4 jugadores. Si son 2 cada uno juega en forma individual, si son 4 arman parejas.

- ✓ Cada pareja o jugador tiene un geoplano y bandas elásticas.
- ✓ Se plantea la siguiente consigna: *"Uno de los grupos arma una figura en su geoplano con varios triángulos y cuadriláteros luego se la dicta al otro grupo para que arme la misma figura en su geoplano"*.
- ✓ Al finalizar se confronta lo realizado y se invierten los roles.

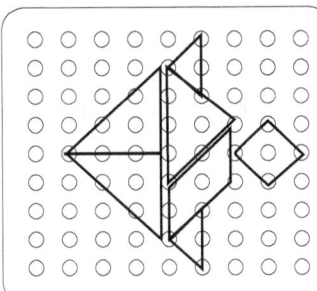 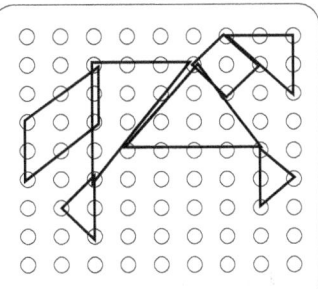

e) ¿Cómo es?

Objetivo del juego: Cumplir con la consigna dada.

Material
- ✓ Geoplano
- ✓ Bandas elásticas de diferentes colores.

Desarrollo
- ✓ Se juega en pareja.
- ✓ El docente solicita armar en el geoplano una figura geométrica, por ejemplo un cuadrado, un trapecio, un triángulo…
- ✓ El primer grupo que cumple la consigna dice "Basta".

> ✓ Todos los grupos muestran lo realizado. Entre todos establecen si la figura es la solicitada.
> ✓ El grupo que dijo "Basta", si resuelve en forma correcta, se anota 3 puntos. Los restantes grupos que resolvieron correctamente la consigna se anotan 1 punto.
> ✓ Gana el grupo que primero llega a 15 puntos.
>
> *Variantes*
> ✓ Se puede incluir en la consigna: "Dibujar un trapecio con una diagonal", "Dibujar un rectángulo con su base media", "Dibujar un polígono de cuatro lados y marcar una línea interior que no sea diagonal"...

Otras actividades lúdicas

A continuación presentamos otras actividades que tienen carácter lúdico y posibilitan la reflexión en torno a contenidos matemáticos.

I.

> **Armado de guardas**
> *Objetivo del juego*: Armar una guarda como la del compañero.
>
> *Materiales*
> ✓ Hojas cuadriculadas
> ✓ Lápiz
> ✓ Regla o escuadra.

Desarrollo
- ✓ Se forman grupos de cuatro jugadores y se subdivide en dos grupos: "grupo A" y "grupo B".
- ✓ El *"grupo A"* arma una guarda con no más de cuatro figuras diferentes en la cual cada figura tenga un lado en común con la siguiente.
- ✓ Luego le dicta al *"grupo B"* la guarda realizada, quién debe armar una guarda igual.
- ✓ Se confronta lo realizado y se invierten los roles.

Variantes
Se puede jugar de la misma forma pero un grupo arma una guarda, se la muestra al otro quién la observa durante un tiempo y luego, sin modelo presente, debe reproducirla en su hoja.

Este tipo de trabajo favorece la representación mental de las figuras, pues los niños deben anticipar la figura que van a representar para que una y otra cumplan con la condición dada: *"tener un lado en común"*.

Además al:
- ✓ *Dictar*, un grupo debe :
  - *emitir mensajes* que tengan en cuenta tanto la forma como la longitud de los lados para que las guardas resulten idénticas
  - y el otro *decodificar el mensaje verbal* recibido para lograr guardas idénticas.

- ✓ *Observar*, el grupo que observa deberá identificar la forma y dimensión de las figuras para poder reproducir una guarda idéntica.

II.

Reconstruyendo cuadrados y rectángulos

A.
- ✓ Dibujar un cuadrado.
- ✓ Realizar un corte de forma tal que queden determinados un triángulo rectángulo y un trapecio rectángulo.
- ✓ Colocar un número a cada figura.
- ✓ Con esas figuras reconstruir el cuadrado de todas las formas posibles.
- ✓ Registrar lo realizado.

B.
- ✓ Dibujar un rectángulo.
- ✓ Realizar cortes de forma tal que queden determinados dos triángulos rectángulos y dos trapecios rectángulos.
- ✓ Colocar un número a cada figura.
- ✓ Con esas figuras reconstruir el rectángulo de todas las formas posibles.
- ✓ Registrar lo realizado.

C.
- ✓ Armar un cuadrado con rectángulos y cuadrados
- ✓ ¿De cuántas formas se puede hacer?
- ✓ Registrar lo realizado.

A partir de actividad de este tipo, los alumnos, pueden comprobar empíricamente que la rotación de las piezas permite encontrar combinaciones diferentes. A su vez comprenden que la posición puede variar pero las propiedades y formas permanecen inmutables.

III.

¡Quitando fósforos!

a) Armar con veinticuatro fósforos nueve cuadrados. Quite:

✓ Seis fósforos de forma tal que queden tres cuadrados, uno contenido en otro.
✓ Ocho fósforos de forma tal que resulten dos cuadrados, uno contenido en otro.

b) Armar con diecisiete fósforos seis cuadrados. Quite:

✓ Seis fósforos de forma tal que queden dos cuadrados, uno cuatro veces mayor que el otro.

En este juego, el alumno, al tener que quitar fósforos, deberá desarrollar procesos de análisis, síntesis y representación que le permitan primero perceptivamente y luego concretamente encontrar la solución. Los juegos perceptivos contribuyen a que, en aprendizajes posteriores, los alumnos, desarrollen habilidades relacionadas con las transformaciones espaciales.

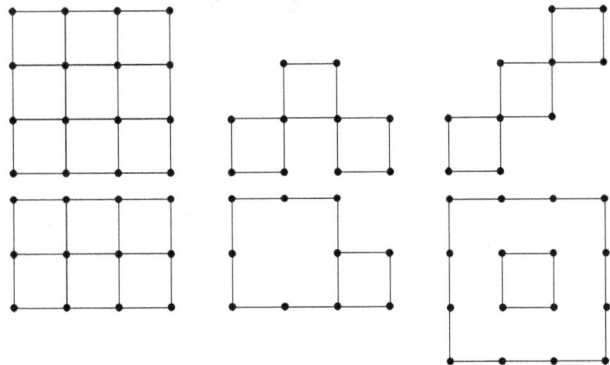

IV.

Hundiendo figuras

Objetivo del juego: Hundir y reconocer el nombre de las figuras armadas por el compañero.

Material
- ✓ Dos tableros de 10x10

	1	2	3	4	5	6	7	8	9	10
A										
B										
C										
D										
E										
F										
G										
H										
I										
J										

- ✓ Dibujar, en uno de los tableros cuatro figuras geométricas diferentes que ocupen dos o tres cuadraditos en forma horizontal o vertical.
- ✓ Lápiz y papel.

Desarrollo
- ✓ Se juega en pareja.
- ✓ Se entregan dos tableros a cada jugador. Uno para ubicar las figuras y el otro para marcar las posiciones que se nombran.

- ✓ Cada jugador antes de comenzar deberá ubicar sus cuatro figuras.
- ✓ Uno de los jugadores comienza y nombra una posición, por ejemplo "1,C" y la marca en uno de sus tableros. El otro jugador deberá responder:
    - *"Tocada"* si sólo se descubrió una parte de la figura.
    - *"Hundida"* cuando se descubre la figura en su totalidad.
    - *"Agua"* en el caso de no tocar ninguna parte de la figura.
- ✓ Una vez que el jugador hunde una figura podrá, en el caso de ser necesario, hacer hasta un máximo de tres preguntas que se respondan por "sí" o "no" para descubrir de que figura se trata.
- ✓ Gana el jugador que primero hunde las cuatro figuras de su contrincante y descubre sus nombres.

Aquí se aúnan:
- ✓ la representación de figuras
- ✓ la emisión y decodificación de mensajes espaciales que permiten ubicar un punto en el plano
- ✓ las propiedades de las figuras para descubrir de que figura se trata.

A medida que lo juegan, los alumnos van descubriendo, entre otras, estrategias que les permiten:
- ✓ reconocer las figuras que son más difíciles de descubrir,
- ✓ en qué orden conviene nombrar las posiciones,
- ✓ cuáles son las preguntas que ayudan a descubrir las figuras.

Los recursos didácticos nombrados en este apartado como rompecabezas, pentominos, geoplanos, son útiles, también, para abordar otros conceptos geométricos, tales como: perímetros, áreas, simetría...

En síntesis

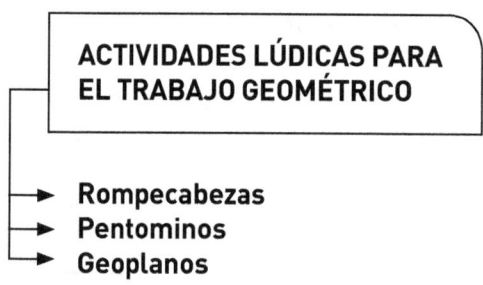

Capítulo 8
Respuestas

Capítulo V

Situación 1

LA FIGURA
Algunos de los triángulos que se pueden observar son.

Triángulo	Tipo
AGE	acutángulo - isósceles
AFG	rectángulo - isósceles
FGE	rectángulo - isósceles
AIG	rectángulo - isósceles
EGH	rectángulo - isósceles
GIC	rectángulo - escaleno
GHC	rectángulo - escaleno
HCD	acutángulo - escaleno
IBC	acutángulo - escaleno
BGD	acutángulo - isósceles
AIB	obtusángulo - escaleno
ABG	acutángulo - isósceles
EHD	obtusángulo - escaleno
EGD	acutángulo - isósceles

Situación 2

	acutángulos	rectángulos	obtusángulos
Isósceles	$\stackrel{\triangle}{BOC}$, $\stackrel{\triangle}{AOD}$,		$\stackrel{\triangle}{DOC}$, $\stackrel{\triangle}{AOB}$
escalenos		$\stackrel{\triangle}{BAD}$, $\stackrel{\triangle}{DCB}$, $\stackrel{\triangle}{ADC}$, $\stackrel{\triangle}{ABC}$	

✓ ¿Qué modificación experimenta esta clasificación si la figura es un cuadrado (b)?

Si la figura es un cuadrado los 8 triángulos son isósceles rectángulos.

Situación 3

Proposición	V o F	Justificación
a)-	F	No puede ser obtuso, tiene que ser también agudo.
b)-	F	Los tres lados son desiguales.
c)-	V	
d)-	V	
e)-	F	Tiene tres lados iguales.
f)-	F	Porque un triángulo no puede tener tres ángulos rectos.
g)-	F	Los tres lados son desiguales.
h)-	V	
i)-	V	
j)-	V	

Situación 5
- ✓ Los triángulos acutángulos escalenos tienen tres ángulos agudos y tres lados desiguales.
- ✓ Los triángulos equiláteros son los que tienen tres lados iguales.
- ✓ Los triángulos rectángulos no pueden ser equiláteros.
- ✓ Los triángulos obtusángulos no pueden ser equiláteros.
- ✓ Un triángulo rectángulo puede ser isósceles o escaleno.
- ✓ Los triángulos rectángulos son los únicos que poseen un ángulo recto.
- ✓ Un triángulo acutángulo puede ser isósceles, escaleno y también equilátero.
- ✓ Los triángulos obtusángulos isósceles tienen un ángulo obtuso y dos lados iguales

Situación 6
a) Un ángulo recto porque la suma de los tres ángulos interiores es de 180°.
b) Los otros dos ángulos siempre son agudos.
c) No, porque los triángulos equiláteros tienen 3 ángulos iguales y los triángulos rectángulos tienen ángulos de 90°. Un triángulo no puede tener tres ángulos de 90° porque supera los 180° que mide la suma de los ángulos interiores.
d) Sí, porque los triángulos equiláteros tienen tres lados iguales y los isósceles dos, de ahí que los triángulos equiláteros pueden ser isósceles pero los isósceles no pueden ser equiláteros.
e) En un triángulo no puede haber más de un ángulo obtuso, pues de lo contrario supera los 180° que mide la suma de los ángulos interiores.
f) Si porque si uno de los ángulos mide 90° los otros dos ángulos iguales miden 45° cada uno.
g) Tres porque de esa forma no excede los 180° que mide la suma de los ángulos interiores.

Situación 7

A	No forma un triángulo porque la suma de los ángulos interiores excede los 180°
B	Si es un triángulo porque la suma de los ángulos internos es de 180°. Es un triángulo *isósceles acutángulo* (dos ángulos iguales, tres ángulos agudos)
C	No forma un triángulo porque la suma de los ángulos interiores excede los 180°
D	Si es un triángulo porque la suma de los ángulos interiores es de 180°. Es un triángulo *acutángulo escaleno* (tres ángulos agudos desiguales)
E	Si es un triángulo porque la suma de los ángulos interiores es de 180°. Es un triángulo *obtusángulo isósceles* (un ángulo obtuso y dos ángulos agudos iguales)
F	Si es un triángulo porque la suma de los ángulos interiores es de 180°. Es un triángulo *rectángulo escaleno* (un ángulo recto y tres ángulos desiguales)
G	No forma un triángulo porque la suma de los ángulos interiores excede los 180°
H	No forma un triángulo porque la suma de los ángulos interiores excede los 180° y porque posee dos ángulos rectos.

Situación 8

a) Un ángulo mide 90° y los restantes ángulos son iguales, miden 45° cada uno.

b) En este triángulo los tres ángulos son iguales por lo tanto cada un mide 60°

c) Si el ángulo obtuso mide 120° los dos ángulos agudos que son iguales miden 30° cada uno.

d) Uno de los ángulos mide 90° y el otro 90° - 35° 45' 55", es decir 54°14`5"

e) El tercer ángulo es igual a 180° - 103° 34' 54", es decir 76°25´6"

f) La suma de los otros dos ángulos es igual a 180° - 129° 19' 34", por lo tanto miden 50°40´26"

Situación 9

$\hat{O} + \hat{D} + \hat{P} = 180°$

$\hat{O} = \hat{D}$ por ser acutángulo isósceles

$\hat{P} = \frac{1}{2}\hat{O}$

$\hat{O} + \hat{O} + \frac{1}{2}\hat{O} = 180°$

$2\hat{O} + \frac{1}{2}\hat{O} = 180°$

$\frac{4\hat{O} + \hat{O}}{2} = 180°$

$\frac{5}{2}\hat{O} = 180°$

$\hat{O} = \frac{180° \times 2}{5} = \boxed{O = 72°}$

$\hat{O} = \hat{D}$

$\boxed{\hat{D} = 72°}$

$\hat{P} = \frac{1}{2}\hat{O}$

$\hat{P} = \frac{1}{2} \times 72°$

$\boxed{\hat{P} = 36°}$

Situación 10

Por ser un rectángulo acutángulo uno de los ángulos es de 90° y los otros dos ángulos agudos son desiguales.

$\boxed{\hat{Y} = 90°}$

$\hat{T} = 90° - 34° \, 12''$

$\boxed{\hat{T} = 55° \, 59' \, 48''}$

$\hat{Y} + \hat{T} + \hat{R} = 180°$

$90° + 55°59'12'' + \hat{R} = 180°$

$145°59'12'' + \hat{R} = 180°$

$\hat{R} = 180° - 145°59'12''$

$\boxed{\hat{R} = 34° \, 12''}$

También se puede pensar que:

$\hat{T} + \hat{R} = 90°$

$55°59'12'' + \hat{R} = 90°$

$\hat{R} = 90° - 55°59'12''$

$\boxed{\hat{R} = 34° \, 12''}$

Situación 11

Aplicamos la propiedad que dice que un ángulo interno con su correspondiente ángulo externo son adyacentes es decir que son consecutivos y sumados miden 180°

$$\hat{\pi} + 118°45'43" = 180°$$
$$\hat{\pi} = 180° - 118°45'43"$$
$$\boxed{\hat{\pi} = 61°14'17"}$$

$$\hat{\alpha} + 143°45" = 180°$$
$$\hat{\alpha} = 180° - 143°45"$$
$$\boxed{\hat{\alpha} = 36°59'15"}$$

$$\hat{\beta} + \hat{\pi} + \hat{\alpha} = 180°$$
$$\hat{\beta} + 61°14'17" + 36°59'15" = 180°$$
$$\hat{\beta} + 98°12`32" = 180°$$
$$\hat{\beta} = 180° - 98°13`32"$$
$$\boxed{\hat{\beta} = 81°46`28"}$$

Es un triángulo *acutángulo escaleno* porque tiene tres ángulos agudos desiguales.

Situación 12

Aplicamos la propiedad que dice que un ángulo interno con su correspondiente ángulo externo son adyacentes es decir que son consecutivos y sumados miden 180°

$$\hat{\beta} + 140°53" = 180°$$
$$\hat{\beta} = 180° - 140°54"$$
$$\boxed{\hat{\beta} = 39°59'6"}$$

Aplicando la propiedad que dice que cada ángulo exterior es igual a la suma de los ángulos interiores no adyacentes a él.

$$\hat{\alpha} = \hat{\pi}$$
$$\hat{\alpha} + \hat{\alpha} = 140° \, 54"$$
$$2\hat{\alpha} = 140° \, 54" : 2$$
$$\boxed{\hat{\alpha} = 70° \, 27"}$$
$$\boxed{\hat{\pi} = 70° \, 27"}$$

Es un triángulo *acutángulo isósceles* porque tiene tres ángulos agudos y dos ángulos iguales.

Situación 13

$$\hat{A} = 40° + 20°$$
$$\boxed{\hat{A} = 60°}$$

$$\hat{C} = 180° - 40°$$
$$\boxed{\hat{C} = 140°}$$

$$\hat{B} = 180° - (140° + 20°)$$
$$\hat{B} = 180° - 160°$$
$$\boxed{\hat{B} = 20°}$$

$$\hat{D} = 180° - (40° + 40°)$$
$$\hat{D} = 180° - 80°$$
$$\boxed{\hat{D} = 100°}$$

Ambos triángulos son obtusángulos isósceles

Situación 14

Los alumnos después de trazar las alturas de un triángulos rectángulo isósceles y de uno rectángulo escaleno comprobarán que dos alturas coinciden con los lados del ángulo recto. Así pueden concluir que esto se debe a cada uno de esos lados va desde un vértice hacia el otro lado y lo corta formando un ángulo recto y esa es justamente la definición de altura.

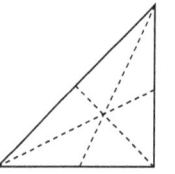 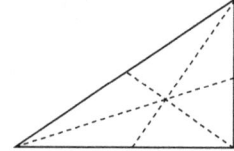

Situación 15

Los alumnos seguramente han realizado producciones como las siguientes.

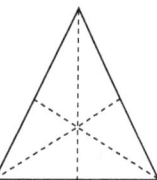 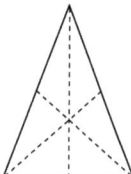 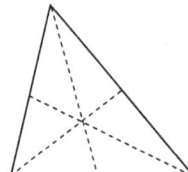

Luego de observar pueden concluir en que en el triángulo:
- ✓ *equilátero*: cada lado opuesto queda dividido en dos partes iguales.
- ✓ *isósceles:* el lado desigual queda dividido en dos partes iguales mientras que los otros dos lados no.
- ✓ *escaleno*: ninguno de los tres lados quedan divididos en partes iguales.

La altura puede dividir al lado opuesto en partes iguales o desiguales.

Situación 16

$\hat{U} = 65° 45'' \times 2$

$\boxed{\hat{U} = 130° 1' 30''}$

$\hat{J} = \hat{U} - 110°$

$\hat{J} = 130° 1' 30'' - 110°$

$\boxed{\hat{J} = 21° 58' 30''}$

$\hat{H} + \hat{J} + \hat{U} = 180°$

$\hat{H} + 21° 58' 30'' + 130° 1' 30'' = 180°$

$\hat{H} + 152° = 180°$

$\hat{H} = 180° - 152°$

$\boxed{\hat{H} = 28°}$

Situación 17

Los ángulos determinados por la bisectriz son iguales por lo tanto cada uno mide 130° : 2 = 65°

Cada uno de los ángulos determinados por la bisectriz mide 65°

$\hat{G} + \hat{H} + \hat{K} = 180°$

$\hat{K} + 15° + 130° + \hat{K} = 180°$

$2\hat{K} + 145° = 180°$

$2\hat{K} = 180° - 145°$ → $\hat{G} = K + 15°$

$2\hat{K} = 35°$ $\hat{G} = 17° 30' + 15°$

$\hat{K} = 35° : 2$ $\boxed{\hat{G} = 32° 30'}$

$\boxed{\hat{K} = 17° 30'}$

Situación 18

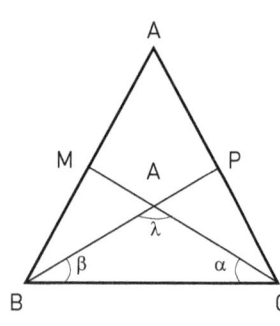

$B\hat{\alpha}\lambda$ es obtusángulo escaleno.

$\hat{\beta} = 20°$ ⎤ por ser ángulos determinados
$\hat{\alpha} = 30°$ ⎦ por la bisectriz de los ángulos B y C

$$\hat{\beta} + \hat{\alpha} + \hat{\lambda} = 180°$$
$$20° + 30° + \hat{\lambda} = 180°$$
$$50° + \hat{\lambda} = 180°$$
$$\hat{\lambda} = 180° - 50°$$
$$\boxed{\hat{\lambda} = 130°}$$

$$\hat{A} + \hat{B} + \hat{C} = 180°$$
$$\hat{A} + 40° + 60° = 180°$$
$$\hat{A} + 100° = 180°$$
$$\hat{A} = 180° - 100°$$
$$\boxed{\hat{A} = 80°}$$

Situación 19

Es correcta la afirmación de Conse porque un triángulo con tres lados iguales es equilátero.

Capítulo VI

Situación 2

A	V	
B	F	Porque son figuras que sólo tienen cuatro lados.
C	V	
D	F	Porque no todos los cuadriláteros tienen un par de lados paralelos.
E	F	No sólo algunos rombos son cuadrados.
F	F	Porque los romboides no tienen un par de lados paralelos.
G	F	Porque no tienen dos pares de lados opuestos paralelos.
H	F	Porque tienen cuatro lados iguales.
I	F	Porque siempre miden 90°
J	F	Porque esos lados son iguales.
K	F	Porque al tener ángulos de 90° tienen lados perpendiculares.
L	V	
M	V	
N	V	
O	V	
P	F	Porque son cuadriláteros por tener cuatro lados.
Q	F	Porque son iguales.
R	V	

Situación 3

a) Siempre.
b) A veces.
c) Siempre
d) Nunca.

Situación 4

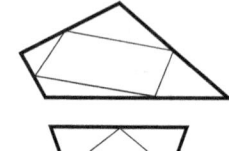 En un *trapezoide* se forma un *paralelogramo*.

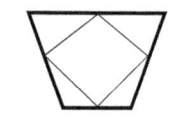 En un *trapecio isósceles* se forma un *rombo*.

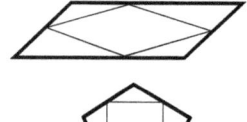 En un *paralelogramo* se forma un *paralelogramo*.

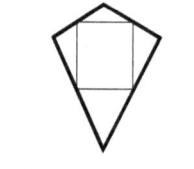 En un *romboide* se forma un *rectángulo*

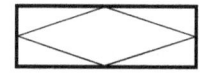 En un *rectángulo* se forma un *rombo*.

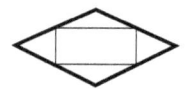 En un *rombo* se forma un *rectángulo*.

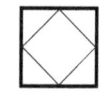 En un *cuadrado* se forma un *cuadrado*.

Situación 5

a) Es un *romboide* porque la palabra **solo** no permite que haya otro par de ángulos con esas condiciones.
b) Puede haber cuatro posibilidades: *paralelogramo*, *rectángulo*, *rombo*, *cuadrado*.
c) Hay dos posibilidades: *rectángulo*, *cuadrado*.
d) Las posibilidades son cuatro: *paralelogramo*, *rectángulo*, *rombo*, *cuadrado*.
e) Puede haber dos posibilidades: *rombo*, *cuadrado*.

Situación 6

Condición	
• Dos pares de lados consecutivos iguales.	X
• Un par de ángulos opuestos iguales.	X
• Dos pares de lados opuestos iguales.	
• Dos pares de lados consecutivos iguales y un par de ángulos opuestos iguales	X
• Cuatro lados iguales.	
• Dos pares de ángulos opuestos iguales.	

Situación 7

• Mica	V	Porque todo cuadrado es un rombo.
• Seba	F	Porque hay algunos rombos que también son cuadrados.
• Juan	V	Porque el cuadrado es también un rectángulo.
• Lola	V	Dice lo mismo que Juan con otras palabras.

Situación 8

Algunas de las pistas que permiten identificar a una figura como trapecio isósceles son:
✓ Un par de lados paralelos.
✓ Las diagonales son iguales.
✓ Las bases medias son perpendiculares.
✓ Una de las bases medias es el eje de simetría de la figura.
✓ Los lados no paralelos son iguales.

Situación 9

Algunas de las preguntas que se podrían formular son:
- ✓ ¿Tiene dos pares de lados paralelos?
- ✓ ¿Una diagonal es bisectriz de un par de ángulos opuestos?
- ✓ ¿Las diagonales son perpendiculares?
- ✓ ¿Las bases medias son iguales?
- ✓ ¿Una diagonal es eje de simetría?
- ✓ ¿El punto de intersección de las bases medias y de las diagonales es el centro de simetría?
- ✓ ¿Cada base media es paralela e igual a un par de lados opuestos?
- ✓ ¿Cada diagonal corta a la otra en su punto medio?
- ✓ ¿Cada diagonal divide a la figura en dos triángulos iguales?
- ✓ ¿Tiene dos pares de lados opuestos iguales?
- ✓ ¿Tiene dos pares de ángulos opuestos iguales?

Situación 10

Algunas de las preguntas posibles son:
- ✓ *Para saber si es un paralelogramo:*
  - ¿Tiene dos pares de lados opuestos paralelos e iguales?
  - ¿Tiene dos pares de ángulos opuestos iguales?
  - ¿Cada diagonal corta a la otra en su punto medio?
  - ¿Cada diagonal lo divide en dos triángulos iguales?

- ✓ *Para saber si es un romboide:*
  - ¿Tiene dos pares de lados consecutivos iguales?
  - ¿Tiene un par de ángulos opuestos iguales?
  - ¿Una diagonal es bisectriz de un par de ángulos opuestos?
  - ¿Las diagonales son perpendiculares?

Situación 11

I	SI	Rectángulo, cuadrado porque los cuatro ángulos son rectos.
II	NO	Porque la suma de los ángulos interiores no alcanza los 360°
III	SI	Paralelogramo, rombo por tener los ángulos opuestos iguales
IV	NO	Porque la suma de los ángulos interiores supera los 360°
V	SI	Trapecio isósceles por tener dos pares de ángulos adyacentes iguales.
VI	SI	Romboide por tener un par de ángulos opuestos iguales.
VII	SI	Trapezoide, trapecio escaleno por ser los cuatro ángulos desiguales

Situación 12

$\hat{\pi} = 45°$

porque es el ángulo interior del triángulo rectángulo isósceles URT, además este triángulo es igual al QTP en el cual el $\hat{\beta}$ mide 45°.

Situación 13

$\hat{B} + \hat{D} = 136°$
$x+32+x+10 = 136°$
$2x + 42 = 136°$
$2x = 136° - 42°$
$2x = 94°$
$x = 94° : 2$
$x = 47°$
$\hat{B} = x + 32°$
$\hat{B} = 47° + 32°$
$\boxed{\hat{B} = 79°}$
$\hat{D} = x + 10°$
$\hat{D} = 47° + 10°$
$\boxed{\hat{D} = 57°}$

$\hat{A} + \hat{B} + \hat{C} + \hat{D} = 360°$
$\hat{A} + \hat{C} + 136° = 360°$
$\hat{A} + \hat{C} = 360° - 136°$
$\hat{A} + \hat{C} = 224°$

$\hat{A} = \hat{C}$ por ser ángulos opuestos del romboide ABCD

$\hat{A} + \hat{C} = 224°$
$2\hat{A} = 224°$
$\hat{A} = 224° : 2$
$\boxed{\hat{A} = 112°}$
$\boxed{\hat{C} = 112°}$

Situación 14

PT por ser la diagonal del paralelogramo PMTS lo divide en dos triángulos iguales.

$$\hat{\pi} + \hat{S} + \hat{\beta} = 180°$$

$$40° + \hat{S} + 60° = 180°$$

$$\hat{S} + 100° = 180°$$

$$\hat{S} = 180° - 100°$$

$$\boxed{\hat{S} = 80°}$$

$\hat{S} = \hat{M}$ por ser ángulos opuestos del paralelogramo

$$\boxed{\hat{M} = 80°}$$

Situación 15

DSI es un triángulo equilátero, por lo tanto $\alpha = 60°$

$$\boxed{\alpha = 60°}$$

DTMI es un trapecio isósceles, por lo tanto:

$$\hat{T} = \hat{\delta}$$

$$\hat{T} + \hat{\delta} + \hat{\lambda} + \hat{\alpha} = 360°$$

$$\hat{T} + \hat{\delta} + 60° + 60° = 360°$$

$$\hat{T} + \hat{\delta} + 120° = 360°$$

$$\hat{T} + \hat{\delta} = 360° - 120°$$

$$\hat{T} + \hat{\delta} = 240°$$

$$2\hat{\delta} = 240°$$

$$\hat{\delta} = 240° : 2$$

$$\boxed{\hat{\delta} = 120°}$$

$$\hat{\beta} + \hat{T} = 180°$$

$$\hat{\beta} + 120° = 180°$$

$$\hat{\beta} = 180° - 120°$$

$$\boxed{\hat{\beta} = 60°}$$

Situación 16

$$\hat{P} + \hat{F} + \hat{U} + \hat{H} = 360°.$$
$$90° + 102° + 90° + \hat{H} = 360°$$
$$282 + \hat{H} = 360°$$
$$\hat{H} = 360° - 282°$$
$$\boxed{\hat{H} = 78°}$$
$$\boxed{\hat{P} = 90°}$$
$$\boxed{\hat{U} = 90°}$$

Situación 17

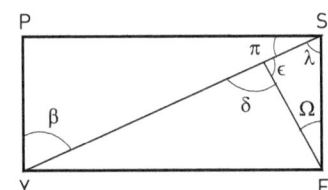

$$\hat{\pi} + \hat{\lambda} = 90°$$
$$25° + \hat{\lambda} = 90°$$
$$\hat{\lambda} = 90° - 25°$$
$$\hat{\lambda} = 65°$$

$$\hat{\lambda} + \hat{\Omega} + \hat{\epsilon} = 180°$$
$$65° + 30° + \hat{\epsilon} = 180°$$
$$95° + \hat{\epsilon} = 180°$$
$$\hat{\epsilon} = 180° - 95°$$
$$\hat{\epsilon} = 85°$$

$$\hat{\delta} + \hat{\epsilon} = 180°$$
$$\hat{\delta} + 85° = 180°$$
$$\hat{\delta} = 180° - 85°$$
$$\boxed{\hat{\delta} = 95°}$$

$$\hat{\beta} + \hat{P} + \hat{\pi} = 180°$$
$$\hat{\beta} + 90° + 25° = 180°$$
$$\hat{\beta} + 115° = 180°$$
$$\hat{\beta} = 180° - 115°$$
$$\boxed{\hat{\beta} = 65°}$$

Situación 18

$\hat{L} = \hat{I}$ y $\hat{B} = \hat{R}$ por ángulos opuestos del LBIR paralelogramo.

$\hat{L} + \hat{I} + \hat{B} + \hat{R} = 360°$ 　　　 $\hat{R} = 3x$

$x + x + 3x + 3x = 360°$ 　　　 $\hat{R} = 3 \cdot 45°$

$\qquad\qquad 8x = 360°$ 　　　 $\boxed{\hat{R} = 135°}$

$\qquad\qquad x = 360° : 8$ 　　　 $\boxed{\hat{B} = 135°}$

$\qquad\qquad x = 45°$

$\qquad\qquad \hat{L} = 45°$

$\qquad\qquad \hat{I} = 45°$

Situación 19

$\hat{T} = \hat{Q}$ por ser ángulos opuestos del rombo.

$\boxed{\hat{Q} = 100°}$

$\overline{MS}$ es diagonal del MTSQ rombo.

$\overline{MS}$ bisectriz de los ángulos $\hat{M}$ y $\hat{S}$.

$\qquad\qquad \hat{M} = 2\beta$

$\qquad\qquad \hat{M} = 2 \cdot 40°$

$\qquad\qquad \boxed{\hat{M} = 80°}$

$\hat{M} = \hat{S}$ por ser ángulos opuestos del rombo.

$\qquad\qquad \boxed{\hat{S} = 80°}$

Situación 20

THP triángulo rectángulo escaleno.

$\hat{\beta} + \hat{P} + \hat{H} = 180°$ $\hat{H} + \hat{\Omega} = 180°$ por ser adyacentes

$40° + 90° + \hat{H} = 180°$ $50° + \hat{\Omega} = 180°$

$130° + \hat{H} = 180°$ $\hat{\Omega} = 180° - 50°$

$\hat{H} = 180° - 130°$ $\boxed{\hat{\Omega} = \mathbf{130°}}$

$\hat{H} = 50°$

Situación 21

$\hat{\beta} + \hat{\lambda} = 180°$ por ser ángulos adyacentes.

$120 + \hat{\lambda} = 180°$

$\hat{\lambda} = 180° - 120°$

$\hat{\lambda} = 60°$

$\hat{\epsilon} + \hat{\lambda} = 180°$ por ser ángulos adyacentes.

$\hat{\epsilon} + 60° = 180°$

$\hat{\epsilon} = 180° - 60°$

$\hat{\epsilon} = 120°$

CBGF es un paralelogramo

$\hat{\Omega} = \hat{\alpha}$ por ángulos opuestos.

$\hat{\beta} = \hat{G}$ por ángulos opuestos

$\boxed{\hat{G} = \mathbf{120°}}$

DACE es un trapezoide

$\hat{D} + \hat{\delta} + \hat{\epsilon} + \hat{E} = 360°$.

$90° + \hat{\delta} + 120° + 90° = 360°$

$\hat{\delta} + 300° = 360°$

$\hat{\delta} = 360° - 300°$

$\boxed{\hat{\delta} = \mathbf{60°}}$

Bibliografía

Alsina, C. (1991a) *Invitación a la didáctica de la geometría.* Editorial Síntesis. Madrid.

Alsina, C. (1991b) *"La enseñanza de la geometría y el asesinato en el Mathematics Express".* Artículo presentado en el III Simposio Iberoamericano sobre la Enseñanza de la Matemática. Buenos Aires.

Bressan, A.M., Bogisic, B., Crego, K. (2000) *Razones para enseñar geometría en la educación básica. Mirar, construir, decir y pensar...* Ediciones Novedades Educativas. Buenos Aires. México.

Broitman, C. y Itzcovich, H. (2008) "La geometría como medio para `entrar en la racionalidad`". Extraído de *Enseñar Matemática Nivel Inicial y Primario.* Tomo 4. 12(ntes). Buenos Aires.

ERMEL (Equipo de Didáctica de la matemática) (1990) *"Aprendizajes numéricos y resolución de problemas".* Instituto de Investigación Pedagógica. París. Athier.

García Peña, S. y López Escudero, O. (2008) *La enseñanza de la geometría.* Instituto Nacional para la Evaluación de la Educación. México.

Gobierno de la Ciudad de Buenos Aires, Secretaría de Educación, Subsecretaría de Educación. Dirección General de Planeamiento. Dirección de Currículum (1998) *Matemática. Documento de trabajo N° 5.* Gobierno de la Ciudad Autónoma de Buenos Aires.

Gobierno de la Ciudad de Buenos Aires, Secretaría de Educación, Subsecretaría de Educación. Dirección General de Planeamiento. Dirección de Currículum (2004) *Diseño Curricular Para la Educación Primaria.* Gobierno de la ciudad Autónoma de Buenos Aires.

Gobierno de la Provincia de Buenos Aires, Dirección General de Cultura y Educación (2008) *Diseño Curricular Para la Educación Primaria.* La Plata.

Ministerio de Educación Ciencia y Tecnología (2006) *Núcleos de Aprendizajes Prioritarios (NAP).* Presidencia de la Nación.

Ponce, H. (2000) *Enseñar y aprender matemática. Propuestas para el segundo ciclo.* Ediciones Novedades Educativas. Buenos Aires.

Riveros, M. y Zanocco, P. (1999) *Geometría: aprendizaje y Juego.* Ediciones Universidad Católica de Chile.

Riveros, M. y Zanocco, P. (1999) *Matemática: un juego de niños.* Pontificia Universidad Católica de Chile. Vicerrectoría Académica Dirección de Educación Universitaria a Distancia. TELEDUC.

www.ingramcontent.com/pod-product-compliance
Lightning Source LLC
Chambersburg PA
CBHW080545220526
45466CB00010B/3034